大是文化

現學現用的麥肯錫思考技術

從簡報、人際溝通到文書寫作的實用架構，
問題再複雜也能釐清脈絡。

麥肯錫戰略諮詢顧問，著作被譽為中國版《金字塔原理》
阿里巴巴、京東、字節跳動高階主管教練

周國元——著

大是文化

現學現用的麥肯錫思考技術

從簡報、人際溝通到文書寫作的實用架構，
問題再複雜也能釐清脈絡。

麥肯錫戰略諮詢顧問，著作被譽為中國版《金字塔原理》
阿里巴巴、京東、字節跳動高階主管教練
周國元——著

獻給所有不安於現狀、拒絕故步自封、勇於挑戰常規，
飢渴般好學又理性、樂觀且入世的終身學習者。

CONTENTS

第三部 寫作篇 143

推薦序一

從簡報、邏輯表達到寫作，立刻套用

作家、企業講師、行銷顧問／鄭緯筌

我是一位跨領域的發展者，平時以講師、顧問和專欄作家等身分走跳江湖。除了經營部落格、發行電子報，我也在LINE經營一個名為「內容感動行銷」的社群，目前有一千多位成員。顧名思義，這是一個以內容行銷與文案寫作等主題為旨趣的交流社群。

日前，有一位網友問了一個問題：「過去我們所熟悉的錄音帶、錄影帶、底片和舊式的2G、3G手機，如今都已經被淘汰了！那麼在未來的AI（Artificial Intelligence，人工智慧）時代，寫作或內容行銷有無可能被取代？」

我的想法是，AI工具雖然強大，但無法完全替代人類，無論是在商業場合，還是日常生活中，有效的溝通表達仍是建立和維護人際關係的重要關鍵。而一提到溝通表達，很多人就會想到**全球領先的管理顧問公司麥肯錫（McKinsey & Company，以下簡稱麥肯錫），其溝通和敘事技巧被廣泛認為是業界的黃金標準**。

麥肯錫在與客戶合作時，不僅提供縝密的數據分析，還會透過敘事來建立更深層次的情感和價值觀的連結。他們更擅長透過說故事的方式，來簡化和解釋複雜的商業問題，使客戶能夠更容易理解和採取行動。

那麼，我們可以跟麥肯錫學習什麼？看到這裡，你可能已經想到了MECE原則（Mutually Exclusive Collectively Exhaustive，直譯為相互排他性、集合網羅性）、金字塔原理（Pyramid Principle）和SCQA表達架構（將說話邏輯分成情境〔Situation〕、衝突〔Complication〕、問題〔Question〕、答案〔Answer〕）……嗯，這些的確是麥肯錫所開發的一系列邏輯思考方式，過往也有很多書籍或課程都介紹過了。

你可能會感到好奇，為何還需要看《現學現用的麥肯錫思考技術》這本書？這時，就必須談到本書作者周國元了！他曾任職麥肯錫及其他知名企業，擁有十年以上的大數據管理與諮詢經驗，**他所總結的麥肯錫思考技術，從簡報、邏輯表達到寫**

作，能有效協助讀者克服溝通的疑難雜症。

老實說，坊間打著麥肯錫旗號的商管書籍可說是不勝枚舉，但有些書籍只談生硬的理論，也有些書籍不夠接地氣。而本書作者不吝於分享自己的實戰經驗，並且能夠很有系統的結合理論與實務，歸納出一套有效的觀點與方法，這是我覺得難能可貴之處，也是值得推薦給各位讀者的主要原因。

因為工作的關係，我常在企業與公部門講授有關說故事的主題。麥肯錫如何說一個引人入勝的故事？

在我看來，他們掌握了以下重要原則：

1. **核心資訊先行**：麥肯錫會先提出故事的核心觀點或結論，再提供支持這一觀點的數據和論證。
2. **數據與情感結合**：麥肯錫善用大量的數據分析，但也會加入人物、情感和價值觀，來增加故事的吸引力。
3. **結構清晰**：使用金字塔結構或其他邏輯框架來組織故事，確保資訊的流暢性和一致性。

4. **客戶導向**：故事總是圍繞客戶的需求和問題展開，並提供具體、可行的解決方案。

5. **視覺元素**：麥肯錫會使用殺手圖表（killer chart，請見二四一頁）、流程圖或其他視覺元素來輔助敘事，使其更易於理解和記憶。

如果你想知道更多麥肯錫的溝通祕招，現在就和我一起來閱讀《現學現用的麥肯錫思考技術》吧！

推薦序二

早學會麥肯錫思考技術，就少走彎路、不用賣肝

職場知識型 YouTuber／JonJon MBA

在我剛進入職場的時候，我曾經很想成為電視、電影中，那種在工作上很厲害的人，西裝筆挺、英姿煥發，講出來的每句話彷彿都是真知灼見，做的每個決定都是影響幾億元的大案子。

然而，理想終究太過遙遠，那些橋段生搬硬套到現實中，不僅顯得十分可笑，一直很想進步的我，依舊沒有方法、沒有方向。雖然我也曾嘗試模仿公司中比較欽佩的主管，觀察他們的對談、學習他們的用字、模仿他們的風格，可惜只學到形，沒學到神，最終我唯一提升的，只有 E-mail 開頭用的英文不那麼蹩腳而已。

出身財務的我，當時覺得報告裡堆滿各式各樣的數字就是專業的表現，老闆如果叫我把報告做得「sexy」（按：指活潑、有趣）一點，我就加入一堆飛進飛出的動畫。不過，最後這些東西都被棄用，而每年談績效的時候，我和同期的同事得到的評語永遠都是「年輕」、「肯幹」，似乎除了新鮮的肝，也沒其他價值了。

過了幾年，我運氣好，在貴人的指點下，進入美國的MBA（Master of Business Administration，企業管理）學習，而後在跨國企業擔任管理職，開啟了一段痛苦的悟道及蛻變過程。這些得來不易的體會，正好也是《現學現用的麥肯錫思考技術》這本書所介紹的溝通技巧。

我做了幾年財務工作，數據分析是我引以為傲的強項，但在一次又一次和各國同學、同事的討論與辯論中，我才體會到，定量分析（按：依據數據統計，分析數字之間的變化）要有相關的定性分析（按：依照對不同事物之間相互關聯的理解，做出的非數字、邏輯性分析）搭配，才有價值；不理解業務行為，光憑數據無法產生洞察、無法回答高階主管想要知道的、能夠推動業務發展的關鍵問題。

還有，光會分析還不夠，若少了一套有架構的思考與表達的方式，那些話在旁人聽起來就是沒有條理，半天講不到重點；負責重要的專案，會議室不是唯一的舞臺或戰場，電梯、茶水間、廁所外，相關部門的主管隨時都會抓著你想問問進展，**如果平時沒有「想清楚」，這種時刻又要如何能夠「說明白」**？

雖然書名是麥肯錫的思考技術，但其實有很多內容都是在講**解決商業問題的正確流程與方法，以及如何善用溝通，把這些重要的基礎工作有效的串聯與表達出來**。從字裡行間，我們也可以發現，作者周國元是有料的實踐家，不僅介紹理論，告訴讀者為什麼要這樣想或這樣做，還列舉出生動又與現實商業世界接近的案例，近乎手把手的教讀者，如何將這些麥肯錫全球頂尖顧問的拿手絕活，應用到日常工作中。

讀完這本書，很大的感慨是：如果剛出社會的我能早點看到，或許就可以少走很多彎路；如果讀ＭＢＡ的人提前看到，出國這一趟就可以學得更多、飛得更高；如果我的同事們能看到，大家的潛力一定會更能發揮，成就更多事。

前言

我在麥肯錫學到的實戰思維

「每個人的表現都差不多，為什麼升遷加薪總沒我的分？」

面對職場挫折，我們經常聽到類似的抱怨，但大多數的人，總會習慣性忽略困境與自身能力，並且格外強調他人的干預和環境因素的干擾。例如：別人更有關係、更有背景，甚至更會奉承等。

這種行為在社會心理學上被稱作——「自利偏差[1]」（self-serving bias）；意即面對挫折時，人們傾向將失敗歸咎於別人，而且拒絕反省自身因素，尤其是反思自己的能力。其原因很簡單：埋怨對手太強或環境太差很容易，而要痛定思痛、自

---

1 由美國心理學家弗里茨．海德（Fritz Heider）率先提出，他認為，人們傾向把成功歸因於自己、失敗歸咎於運氣。

我升級卻極為費力、甚至痛苦。於是，有人選擇沉睡，找各種託詞為自己的不作為和不想改變開脫，畢竟視而不見往往是最輕鬆的。

然而，想要成長，職場人必須喚醒沉睡的自己。不管處於任何階段，都必須克服自利偏差，也就是怨天尤人，並充分理解能力差異將決定工作者未來的升遷。意識並面對自身能力的缺陷，是成長的開始。而個人職場能力，還包括獨立思考、高效溝通和執行等能力，也就是：想清楚、說明白、做到位[2]。本書將有系統的闡明：**想清楚、說明白，是決定個人職場晉升的重要能力之一**。

溝通不及格，再有實力也沒人認可

高效溝通關乎職場升遷，對各個層級的工作者而言都很重要。

我們經常見到既有想法又有專業知識的人，因缺乏溝通能力，在關鍵場合語塞、表達不清楚，而導致溝通失敗。在這類翻車現場，與講者熟識的人，在扼腕嘆息的同時，可能也會認為對方只是沒有拿出實力。

但是，在職場上，當我們拿掉惜才之心且更理性的判斷時，得出的結論應該是：**從結果導向出發，不管對方有沒有實力，都代表商務溝通失敗並嚴重浪費各方的時間。**

在現實中，部屬表達能力差或是文書處理能力欠佳，上級管理者可能會無視其溝通能力強弱，直接否定這個人。

也就是說，管理者可能會直接認定這個人實力不足；甚至有可能由於某次關鍵的溝通失敗，全盤否定此人的能力，進而直接將其解聘！

是的，**商務溝通不及格，可能意味著整個人的能力都得不到公司的認可！在很多大型公司的人事部門，對於初階主管，也已經將溝通能力列為評判其表現、能否升遷的重要指標之一。**

這些人如果能寫出結構嚴謹、用語精準的商業文書（包括備忘錄、ＰＰＴ〔PowerPoint〕等）；在眾人面前自信從容的表達，或是善於團隊內部溝通、跨部門溝通，以及對外溝通，往往能很快被提拔並委以重任。

---

2 本書作者在其另一本著作《麥肯錫結構化戰略思維》中，將個人能力項分為三類：想清楚、說明白、做到位。「想清楚」是該書闡述的重點，本書則聚焦「說明白」，即高效溝通。

此外，在招聘員工時，溝通能力也是首要條件。科技公司北京字節跳動、網際網路公司騰訊、中國跨境電商巨頭希音（SHEIN）等公司的招聘部門，已開始用案例演練等多種方法，篩選能言善辯的未來之星，優先錄取擁有優秀溝通能力的人。

企業對新人尚且如此，對中階和高階管理者的溝通能力就更為重視了。管理者職責中的「領導」二字，本身就是引領和指導或輔導的結合，而這兩者都必須與其他員工頻繁的溝通和互動。

但是，在分工日益精細的今天，管理者層級越高，離第一線人員就會越遠，於是**在想清楚的基礎上說明白，就成了中高階管理者工作的核心：**在組織層面，管理者要領導團隊和向上管理；在實際操作層面，管理者要解碼戰略[3]、分解及執行任務並覆盤[4]。

而目前AI科技的突破，無疑加深了所有工作者對自我技能提升的迫切感。從聊天機器人「ChatGPT」橫空出世[5]，在短短三個月內，訪問量已超過十億人次，便能窺知一二。雖然這些AI產品和服務仍處於發展階段，但是它已經向世人展示了強大的能力，尤其在溝通層面，其能力甚至已經超越不少工作者。

我們要建立正確的溝通態度，停止自我安慰，並有系統的學習結構化溝通技巧，否則很快就會被快速變化的環境淘汰。

職場從來不缺聰明人，只缺會說故事的人

作為必備的工作技能，高效溝通長期被低估。

我們都知道專業知識和技能很重要，而且專業能力的產出往往可以量化。比方說，技術工程師設計了機械手臂[6]（robotic arm），優化了生產流程，那麼機械手臂專案的價值，透過節省人力與時間，就能得到更大的經濟效益。

相形之下，溝通這類軟技能在日常工作中卻難以被量化。更糟糕的是，**許多技**

3 指確認戰略目標，並透過戰略提升執行力。

4 圍棋特有術語；現指透過回想、檢討來精進自我。

5 原文為：Chat Generative Pre-trained Transformer；由美國舊金山人工智能研究公司 OpenAI 開發，於二〇二二年十一月發布。本書簡體版出版時，為二〇二三年三月。根據最新數據顯示，二〇二三年六月 ChatGPT 的全球訪問量下降九．七％。

6 具有模仿人類手臂功能，可完成各種作業的自動控制設備。

術專業出身的人認為專業至上，會不自覺的排斥溝通能力訓練，認為這無非是用語言技巧來掩飾知識和經驗的不足，是一種障眼法、也毫無價值。

曾經靠技術為生的我，在很長一段時間內也有類似的誤解。加入麥肯錫公司之前，我有十多年的大數據（big data）管理經驗，任職於北美技術諮詢公司，為世界五百強企業[7]做技術專案。

站在專業自信的巔峰，我曾蔑視專業不如自己，而大談特談抽象的組織和戰略議題的人，以及我的上級和上級的上級們。當時的我，認為只有自己才是真正做事、創造收入的中流砥柱，世界五百強公司的執行長（CEO）們也沒什麼過人之處。這群光說不練的超級演員，不過就是整日無所事事，只做這兩件事——握手和親吻孩子。

然而，在麥肯錫的工作經歷，糾正了我對溝通的認知。在接觸不同風格的職場贏家後，我才發現當年大放厥詞的自己，無異於井底之蛙。真正的職場高手可以僅憑檔案或口頭描述與各方，包括研發團隊、用戶甚至投資人，探討產品設計、應用場景和盈利模式等關鍵話題。

麥肯錫的員工之所以能持續成功，並不在於多麼懂專業（專業知識當然是加

分），**而是會講好的商業故事**。他們能夠聚集成功所必需的資源，團結一切可以團結的力量，最終成就大事。

職場從來不缺聰明人，但完全只靠自己做事的聰明人，終究是散兵游勇，在規模化的市場經濟中，缺乏合作往往會令他們舉步維艱；而想清楚後，能讓其他人感同身受，並主動提供支援和協助的聰明人，就是有前瞻性的領導者。

屢戰屢敗的散兵游勇與持續成功的商業領導者的核心區別，大都不在於專業或智商，而是一直被低估的講故事的能力，即高效溝通能力。

只會講故事，也能年薪百萬

麥肯錫作為全球戰略諮詢公司ＭＢＢ[8]之首，其業務核心主要是幫助大型企

---

7 美國財經雜誌《財星》（*Fortune*）每年評選全球最大五百家公司的排行榜。

8 三大管理諮詢公司的英文縮寫簡稱，分別是：麥肯錫（McKinsey）、波士頓諮詢顧問公司（Boston Consulting Group，簡稱ＢＣＧ）、貝恩諮詢公司（Bain & Company）。

業梳理思路並確定戰略。這動輒千萬元（按：全書人民幣兌新臺幣之匯率，皆以臺灣銀行在二〇二三年八月公告之均價四．二元，約新臺幣四千萬多元）的戰略專案，並不包括實施和執行，只限於幾百頁的戰略規畫文件。因此，**對麥肯錫的諮詢師來說，會寫簡報、會講故事，是這個年薪百萬元起步的職務的核心要求。**

有人可能會問，為什麼講故事會這麼值錢？因為對大型跨國企業的決策者來說，公司及其產品方向性選擇的影響非常大，動輒就會帶來億萬元的變動。尤其當企業進入新領域或處於轉型階段時，戰略方向更是不容許有任何的差錯。

例如，大型企業的「第二曲線」[9]（The Second Curve），成功了會帶來數億元的收入；一旦方向錯誤，就會造成巨額損失。因此，在數額巨大的經濟利益得失面前，**大型企業願意為資料詳實、邏輯嚴謹的故事買單**。

當然，麥肯錫諮詢師壓力之大，也是可想而知。然而，也正是**在服務世界五百強公司的過程中，麥肯錫形成了獨特的高階商務溝通的原則和方法，我將之稱為「結構化溝通」**。

學會結構化溝通，人人都是行走PPT

對一般上班族而言，麥肯錫結構化是商務溝通的天花板。作為戰略諮詢的龍頭，**麥肯錫培養了大量的溝通高手。商務溝通的最高境界是「人P合一」，即能做到人和PPT融為一體，人就是行走的PPT。**

在第一章，我會介紹麥肯錫合夥人M的精彩故事。很幸運的，我目睹了整個溝通的過程，這讓我意識到自身與M的差距，從而更有空杯心態（按：指心態上要能接受新知），更體會到學無止境！

在崇拜高手的同時，我們要從基礎開始學習。

第一章會介紹溝通的四大階段，以及麥肯錫結構化溝通的核心——3S原則（請見第四十七頁）。之後，本書將按照商務文件的生命週期[10]的順序，從準

---

9 由英國倫敦商學院共同創辦人，查爾斯．韓第（Charles Handy）提出，指的是組織得在第一項優勢還在高峰時，找到另外一條出路。

10 源自文件生命週期理論（Records life cycle theory），一九四〇年由美國學者布魯克斯（Philip C. Brooks）提及的概念，可分成四階段：產生與蒐集、保存與維護、存取與運用、典藏或銷毀。

備、書寫到呈現，介紹商務溝通的原則和技巧，依次是規畫篇（二～四章）、寫作篇（五～七章）、呈現篇（八～九章）。

規畫篇，首先會聚焦於落筆前的籌畫。

在溝通之前，我們要確立明確的目的，為各溝通要素做足準備。

首先，要根據溝通類型（如外部、內部）制定詳盡的戰略，並避免陷入過度溝通和「PPT詛咒」等常見問題（第二章）；成功的溝通建立在洞見之上，而洞見提煉五步法，則能確保我們掌握內容（第三章）。

在建立戰略及內容後，麥肯錫尤其強調落筆之前，要詳細規畫整份文書的結構，而我要介紹的「點線大綱」（dot-dash），則是一種故事載體，也是籌畫階段重要的工具之一（第四章）。

不會寫是許多上班族的痛點，因此本書將會重點放在寫作篇，它也是篇幅最長的篇章。

故事線（story line）搭建完成之後，我們就可以進入製作簡報的具體環節。

寫作篇，首先會介紹簡報的構圖工具，即六種構圖元素：並行、遞進、流程、篩選、總分式和複合式（第五章）。構圖元素能讓初學者透過選擇圖表類型，從無從下手快速進入到創作狀態。除了每頁的構圖與布局，文字也是許多人常見的痛點。**麥肯錫推崇的寫作有四大原則：有效至簡、專業保守、主動直接和定量具體**（第六章）。

圖表是組成頁面的重要元素，也是彰顯一個人思考深度和溝通技巧的關鍵。麥肯錫內部推崇製圖能力（charting skills），有超強製圖能力的諮詢師往往備受推崇。

本書將定量圖表分成五種基礎關係——成分、項目、時間順序（以下簡稱時序）、次數分布和相關聯，每種關係都對應一系列基礎和進階的圖表類型。然而，掌握基礎類型只是起點，在麥肯錫內部被稱為「殺手圖表」的「多維度圖表」，才是皇冠上的瑰寶，這也是高階商務溝通的必備技能（第七章）。

呈現篇則講解商務溝通的終極考驗，即現場報告。不管簡報寫得多麼出色，現場出糗就會功虧一簣。雖然商務溝通主要靠內容和專業度贏得聽眾，但學習開場、控場和收尾的技巧，以及掌握應對突發狀況的對策，也有助於我們實現溝通目標（第八章）。

此外，也有非正式溝通，例如在電梯遇到主管，被要求簡短彙報，這時電梯陳述的相關技巧就十分重要。除了故事線五元素（為什麼、做什麼、如何做、由誰做和成本是多少），我們還會介紹其他用於口頭陳述的實用模型（請見第三〇八頁），如SCR框架（Situation-Complication-Resolution）、STAR模型、W－S－N（What-SoWhat-NowWhat）等。

書中的溝通理論和實踐，主要源自於我在麥肯錫多年來的實戰經驗，部分內容則來自我開設的高階主管培訓課程。**結構化高效溝通，要建立在結構化思維的基礎上，即說明白是建立在想清楚之上**。

最後，我想強調的是，麥肯錫結構化溝通絕對能廣泛運用。本書雖然是以PPT來示範，但闡述的基本法則和工具可應用至各類型的檔案，如備忘錄、電子郵件等，以及其他軟體。而且，這些原則和技巧的應用場景，並不僅限於高階商務場合，還可應用在日常工作和生活中，進而幫助大家獲得意想不到的提升。

衷心希望這本書能幫助不同階段的人提升說明白（溝通）這項職場核心技能，讓大家不僅能寫出驚豔的商務文書，還能專業的呈現，在職場競爭中脫穎而出。

讓我們開啟學習之旅吧！

第一部

理論篇

第一章

什麼是
結構化溝通？

1. 最糟的溝通者：自說自話的專家

會議室的燈光漸暗，投影機刺眼的光柱打到灰白的布幕上，平時隱形的些許灰塵在光柱中上下翻轉；大家漸漸停下閒聊私語，迫不及待的想聽取即將開始的彙報。序幕拉開，主講人緩緩走到會場中心。

表演開始！

會議室就是職場的大舞臺。當聚光燈打在身上時，你最好講述一個有衝擊力的故事。

在職場上，按照溝通技巧和對其重要性的認知程度，可以將講者大致分為以下四類：由低到高，分別為自說自話的專家、SWOT天團、PPT收割機和溝通高手（見下頁圖1-1）。

其中，沒有經過溝通訓練的人，大都是自說自話的專家或SWOT天團，這些人也將是本書最大的受益者。

圖 1-1　**溝通分 4 種等級**

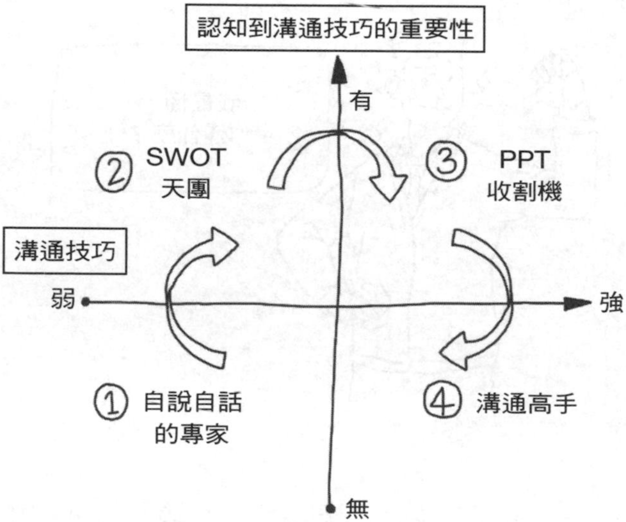

自說自話的專家，工程師最多

因認知和態度上所產生的溝通誤判，屬於認知層面的缺陷，也是上班族提升溝通能力的最大阻礙。

這類人往往不夠重視商務溝通，只是因為學有專精，所以就經常認為，自己靠著過往經驗和專業知識，便足以應對任何場合。

雖然因自身缺少基礎溝通技能，導致其在工作中漏洞百出，但囿於認知水平（按：指人們在

圖 1-2　自說自話的專家

日常活動中，對客觀世界複雜資訊的處理能力），他們通常不太願意接受他人的建設性回饋。

在會議中，自說自話的專家在溝通表現上，具有以下鮮明特點：

- 不顧聽者的關注點，只沉浸在自己熟悉的話題中不能自拔。
- 經常運用專業、晦澀的詞語或英文縮寫來營造專業感。
- 當別人表示不懂時，不但毫無歉意，反而得意之情溢於言表。
- 面對質疑時，直接用專業和經驗反擊：「你懂什麼？你看過幾個類似的案例？我做了這麼多專案，難道還會犯錯嗎？」

● 溝通基本功不扎實，檔案上貼滿各種原始資料而無洞見和觀點，站姿、語氣也不專業。

但是，以上都不妨礙「專家」自信心破表。

盛行工程師文化（按：代表創新文化）**的科技公司，很容易成為盛產「專家」的重災區**。例如，公司從高層開始，只崇尚技術而輕視商務溝通；專案完全由「專家」負責，但對商務文書，卻無任何具體要求；內部會議沒有明確主題，討論時經常離題。

這種溝通方式在初期所產生的副作用並不明顯，有時甚至是高效團隊的特色。畢竟在公司發展初期，團隊人數少且彼此熟悉、信任，專案複雜度也十分有限。然而，隨著公司規模擴大和專案複雜度提升，跨部門合作和內外部聯絡日益頻繁，溝通上的品質和效率，將逐漸受到重視。

在上述的過程中，「專家」的溝通能力缺點會暴露無遺，然而也因受困於同溫層，往往很難突破。例如，團隊的初始成員由於缺乏溝通技能，在高階商務交流中屢戰屢敗，逐漸被邊緣化；即便還待在公司，很多僅從事後臺支援工作的人，其職涯發展也陷入停滯狀態。

認知層面的突破，往往需要外部刺激。當年我加入麥肯錫後，事業轉型的經歷讓我放下虛無的專業自尊，和高手共事，更讓我意識到自己溝通能力的缺陷。我真誠的希望這本書可以幫助大家開啟職場溝通的進階之旅。

只會套用範本的SWOT天團

SWOT天團既能認知到溝通能力的重要性，也有提升該能力的學習意願，但由於經驗不足或知識不夠有系統，他們的溝通能力仍處於初級階段。現在，**職場上的大多數人應該都是SWOT天團**，這類人既是可塑之才，也是本書最大的受益者。

SWOT天團源於同名的經典分析框架──「SWOT分析」（見下頁圖1-3）。對管理有初步認知的人經常誤認為SWOT分析很高階、好用。然而，入門級分析框架在簡報中的濫用，正是缺乏溝通技巧的展現。

圖 1-3　**SWOT 分析**

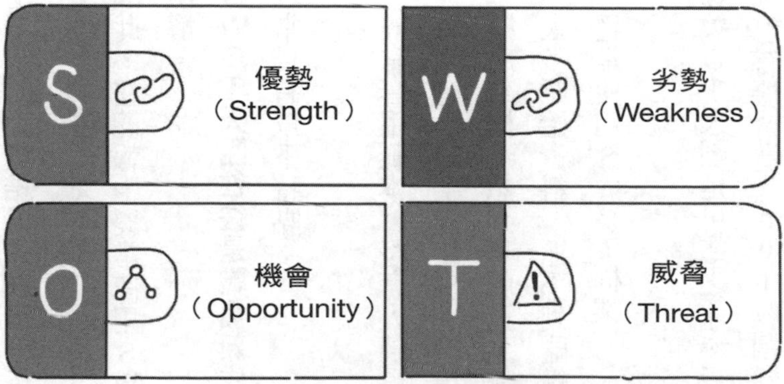

雖然很多人都聽過SWOT分析，但在分析顆粒度（按：指具體的詳細和清晰程度。顆粒度越細，表示細節越詳盡，越有助於了解事情的全貌）和用法上都不合格。在分析顆粒度方面，SWOT本質上近似於只做了單一維度[1]（Dimension，亦稱次元）的切分，因此在分析深度上顯然還是不夠的。

再加上，該模型主要用內部、外部來切分，又用好、壞建立四個象限：內部的好就是優勢，內部的壞就是劣勢；而外部的好就是機會，外部的壞就是威脅。顆粒

1　數學概念，例如，生活在三度空間之中，平面則是二度。

度粗糙帶來的直接結果，就是分析過於籠統。而且，**梳理思路的工具不應該被用於呈現結論**，即便一定要用在簡報上，SWOT分析也應該放在附錄中。

因此，在簡報中經常使用SWOT分析，代表講者對商務溝通雖有認知，卻是一知半解。

SWOT天團往往是職場新生代，他們好學、有衝勁，但缺乏有系統的學習，其表現常具有以下特點：

- 經常套用範本，沒有人猜得到下一張簡報的色系。
- 時大時小的字體和飛進飛出的動畫。
- 缺乏架構，想到哪就寫到哪。
- 太多原始資料，抓不到關鍵重點，也缺少洞見。
- 經常使用SWOT框架。

SWOT天團是可造之才，只要學習本書內容並勤於實踐，就能明顯提升溝通能力，也有機會進入PPT收割機的行列。

在麥肯錫一年，就可以成為PPT收割機

PPT收割機是通曉專業商務溝通技巧、基本功扎實的說話高手。他們把話術運用得爐火純青，從而可以輕鬆應對大多數工作場合，也因此比較容易受到上級的賞識。

PPT收割機中的「PPT」，泛指各種職場文書，如專案計畫書、檢討報告、進度報告等；而收割機是用來形容能如收割麥子般快速製作，並呈現高品質文書的能手。他們往往擁有「想明白」的思維核心，又精通溝通的原則和技巧，能精準的傳達真知灼見給對方。

在會議中，其風格具有以下特點：

- **形式專業且統一，採用公司的色系和風格，或者採用保守個性化範本。**
- 架構中規中矩，且符合商務呈現規範。
- 敘述的故事線完整且詳略得當，能根據聽者需求隨機應變。
- 緊扣主題且能抓到關鍵，整理的內容也相當實用。

● 現場報告有節奏，能完美掌握開場、中場和結尾的節奏。

讓讀者成為PPT收割機，即是本書的目標之一。

儘管提高文書品質並成功展示，是百萬年薪工作的敲門磚，但在麥肯錫這樣競爭激烈的環境下，天資聰穎的MBA應屆畢業生接受大約半年到一年的實訓，大都仍可以實現這個目標。

人P合一的溝通高手

商務溝通是門藝術，而且往往超越形式和技巧。在常人欲辯已忘言時，溝通高手總是舉重若輕，用平實的語言精準的掌握實質問題。他們的一顰一笑都可以讓受眾領會中心觀點，且絲毫察覺不到他們正在使用這些溝通技巧。

如果說PPT收割機是優秀的匠人，那麼溝通高手就是藝術家。這類型的人與PPT收割機的區別在於：對技巧和工具依賴的程度。

我常開玩笑說，**現場報告的最高境界是「人P合一」：講者即PPT，PPT**

即講者。溝通高手就是行走的PPT，可以根據不同場合和聽眾的特點，隨心所欲的用聽眾能聽懂的詞語，即時演繹三十秒、十分鐘或幾小時等不同長度的溝通版本。

麥肯錫盛產溝通高手。我有幸與幾位高手共事，欽佩之餘，我也自嘆不如，經常提醒自己學無止境。多年前，我曾參與貨幣的電子化專案。那次最終彙報的規格非常高，而且事關該國銀行業未來科技戰略的走向，因此專案小組面臨很大的壓力。

就在小組正在積極備戰時，麥肯錫新加坡辦公室的資深合夥人M飛到當地，在完全不了解專案細節的情況下，他臨時通知專案小組，他將代表大家做最終的彙報，但時間只剩下不到兩小時。

M把專案小組成員一起叫來，並請每一個人解說簡報的故事線。然後，M一頁頁的翻閱文件，問了幾個相關的資料問題。通讀之後，M目光堅毅，滿懷信心的對大家說：「大家做得很好，這是一份很不錯的報告！」然後解釋由他來彙報絕對不是對大家不信任，而是為了與客戶更好溝通，只是因為這次交付風險高，而他的職位相對容易控場。他還告訴大家要準備好數據，如果被問到細節問題，各工作流[2]的負責人要全權負責。

最後，M說：「請大家相信，我能完整的呈現這麼好的報告！」

豈止是完整！當聚光燈照在M身上時，他簡直就是真正的明星。M先講了一個與主題相關的逸事暖場，緩解了現場嚴肅的氣氛後，再切入主題。

他一開始並沒有打開簡報，畫面停留在封面頁十分鐘之久，僅透過口頭陳述，就邏輯清晰且有條理的，把貨幣電子化的必要說得一清二楚。整個演講環環相扣，由淺入深。面對聽眾的回饋甚至質疑，他也能因勢利導，快速反應。

這時的簡報只是一種輔助資料。只有需要細節資料支援時，他才會翻到相關頁面。邏輯如此連貫、內容如此熟稔，完全聽不出來M之前都沒參與過專案。他只用了不到兩小時，就完成了這套優秀的話術！

當溝通成為一種藝術時，它已經超出了本書的範疇。溝通高手在臺上一分鐘的精彩需要十多年的修行。作為麥肯錫金融科技的資深合夥人，M累積了充足的專業知識和經驗。

藝術看天分，而天才可遇不可求。因此，還處於自說自話的專家或SWOT天團階段的人，我建議要先累積實力，除了要努力成為PPT的收割機以外，同時也要意識到溝通高手的存在。

以高手為榜樣，我們會更謙虛的前行。再說，人總是要有夢想，誰又能保證不會實現？

2　麥肯錫內部將戰略專案拆分成的子項目，每個子專案都由一名團隊成員端到端（根據用戶端提出的需求端，到滿足客戶需求端的過程）負責。

2. 麥肯錫結構化溝通為何價值千萬？

麥肯錫是戰略諮詢界公認的翹楚，在近百年的時間裡，不斷幫助世界級先進企業解決至難的戰略問題。然而，在頻創佳績的同時，麥肯錫也以價格昂貴著稱。**麥肯錫的戰略專案一般配置三位到四位組員，用八週到十週的時間完成專案，向客戶收取上千萬元的諮詢費用。**

高效溝通是麥肯錫的戰略專案得以持續成功的關鍵，但如前所述，對麥肯錫而言，交付專案並不只是實施或執行，這些戰略專案的產品或服務，是麥肯錫的員工就戰略問題詳盡的分析和推演，並得到客戶肯定的解決方案。

更確切的說，麥肯錫只是交給客戶一個嚴謹的戰略故事，一個涵蓋戰略方向和執行方案的數百頁簡報文件。

由於前瞻屬性和市場變化等多種不確定因素，在交付這套價值上千萬元的戰略檔案時，往往缺少可量化的關鍵績效指標（Key Performance Indicator，簡稱

KPI）。

於是，客戶對最終彙報的首肯和接受，成了唯一的評判標準。麥肯錫團隊必須確保在最終彙報中與客戶保持高效溝通，任何未被充分解答的問題、涉及數據和邏輯等，都會被當作專案交付不完整的證據，甚至會影響諮詢費用。也就是說，對麥肯錫來說，**與客戶溝通失敗，就代表專案失敗**。

在這樣的高標準下，麥肯錫在多年戰略諮詢實踐的磨練中，研發出一套結構化商務溝通的祕笈。

商務溝通比較容易理解，是指此類技巧多用於高階商務場合，如戰略規畫、融資的上市前法人說明會或股東會等；結構化則有兩層含義。

一是，以結構化戰略思維為基礎高效溝通，也是從想清楚延伸至下個步驟（說明白）的關鍵所在。我的另一本書《麥肯錫結構化戰略思維》詳細介紹了戰略相關問題，**結構化則是解決戰略的方法、手段——想清楚，包括維度（視野）切分、新麥肯錫五步法**[3]**和MECE原則等**。

3 新麥肯錫五步法包括：定義問題、結構化分析、提出假設、驗證假設和交付。

結構化思維雖然能確保洞見有憑據、也有邏輯，卻也無法保證這些觀點能完整的傳達出去。作為結構化思維的產物，洞見或商務洞察還需要更多的溝通原則、工具和技巧，而這些原則、工具和技巧，就是麥肯錫結構化溝通的核心內容。

二是，**結構化溝通強調整體的謀篇布局，因此結構必須先於細節創作，作為第一要務確定下來**。而且，結構的重要性不光表現在文件上，每頁簡報、甚至每張圖表，都是結構先行的產物。

總的來說，麥肯錫結構化溝通是ＭＢＢ類公司的主流溝通方式，但也適用於各種商務場合。

接下來，我們將從麥肯錫結構化溝通的核心——３Ｓ原則開始學習之旅。

3. 嚴禁任何分散聽者注意力的浮誇技巧

在商務場合，如果講者拿起麥克風開了一些小玩笑後，用一個通俗易懂的句子概括了自己的核心觀點：「這個專案值得投入，」接著解釋道：「我從三個層面和大家聊聊這個判斷的由來……。」此人不外乎是個結構化高手。

雖然商務溝通因形式、內容和場合而千差萬別，但是麥肯錫結構化溝通遵循的3S原則相對穩定，而且貫穿從創作到執行的整個流程。

麥肯錫溝通3S原則，包括了嚴謹縝密的戰略（thoughtful strategy）、緊湊的結構（tight structure）和專業的風格（professional style）（見下頁圖1-4）。

嚴謹縝密的戰略

首先，我們要正本清源，重新審視溝通的目的。尤其是高階商務場合，其過程

圖 1-4　麥肯錫溝通 3S 原則

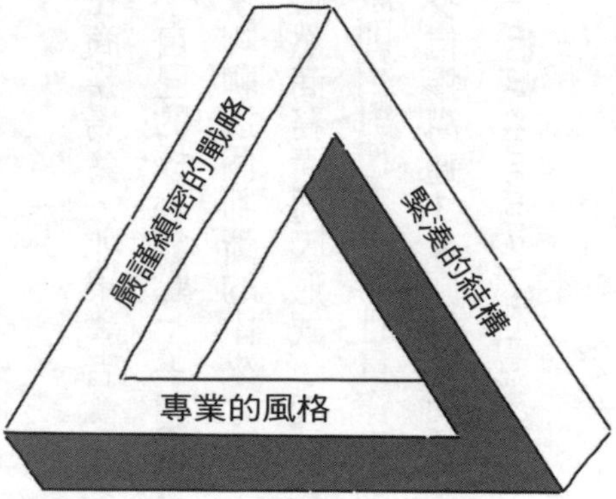

中的資訊交流和共享等，都是為了達成共識並採取行動，因此要避免任何與目標無關、冗長、多餘、甚至有害的行為。

換句話說，我們**必須克制立即溝通的衝動**——在每次溝通之前，先認真思考具體的目的、物件和實際產出等方向性問題，並利用簡易戰略的規畫工具，接著再具體的規畫和部署。

其次，**關鍵的商務溝通是不可逆的**，也就是說，一旦執行下去，就無法徹底消除溝通產生的影響，因此要謹慎為之。

第一，在溝通頻率上，要保持平衡。過度溝通和不充分溝通，都會產生負面效果，我們要避免過猶不及。

第二，要盡量壓縮溝通的訊息量。我

在後面會介紹麥肯錫對外資訊交流遵循的有效至簡原則——該原則提倡資訊必須恰好足夠，冗長多餘而無關的資訊不僅不利於聚焦，也會增加出錯的風險。

第三，明確區分溝通的屬性（外部、內部）。外部溝通不同於內部溝通，其影響面廣、潛在風險高，因此公司對外部溝通的人員、內容和管理方式，也要有明確的規定。

溝通戰略不僅限於高階場合，也適用於一般的職場。如果用戰略視角重新審視日常溝通，並思考其頻率、訊息量和內外部屬性等具體細節，那麼溝通一定會更順暢。

緊湊的結構

商談必須有結構，而且要結構先行。麥肯錫的思考技術強調從結構開始設計文件，只有在結構完整之後，才能填充具體內容。這是因為先做細節再建立結構，往往會因為缺乏聚焦，而嚴重浪費時間並造成低品質產出。

用點線大綱承載的故事線，是結構化溝通的核心工具，也適用於商務文件。而說故事的五大元素（為什麼、做什麼、如何做、由誰做和成本是多少），更是商務溝通不可或缺的步驟。

在專案初期，我們會先以故事線為指引，寫下第一天的答案（請見三一六頁），即文件的初步思路；隨著深入調查研究，我們要持續修正並完成最終的故事線。

換句話說，每頁簡報的文字和圖片等，都是基於故事主線細化和擴充而來的。

專業的風格

根據目的和方式的不同，職場溝通的風格和技巧也不盡相同。按照溝通目的可分為兩大類：宣導型和分析型。

宣導型溝通的目的，是讓聽者記住報告的主題，因此大部分並不講究內在的邏輯和數據資料。例如，公司內部動員會的簡報。

而且，這類溝通大都著重行銷技巧，像是重複口號、放大字體和揮舞手臂等，故不在本書討論範圍內。

只要先記住，分析型溝通是職場上的主流，也是麥肯錫結構化溝通經常會用到的技巧。

為了分享觀點、聽取回饋、達成共識和推動方案，分析型溝通需要透過數據和邏輯，說明觀點並提出相應的方案。負責人除了必須清楚定義問題，適當的展示其分析和推導的過程，也要提出解決方案、甚至回覆各種質疑。

而在分析型溝通中，麥肯錫尤其強調專業的風格和技巧，例如檔案色系，MBB公司都有各自專用的色系：麥肯錫的藍、波士頓諮詢的綠和貝恩的紅。

在所有簡報和其他展示媒介上，色系會被反覆強化，並藉由統一的強烈視覺，來強化品牌識別度。

除了顏色統一，麥肯錫禁用任何有可能分散聽者注意力的浮誇展示技巧：大小不一的字型大小、花俏的顏色，以及飛進飛出的動畫特效等。

在內容上，麥肯錫更推崇有效至簡和專業保守的風格。

麥肯錫認為，專業交流的核心是靠實用性或洞見服人。而這種專業理念，也必須展現在簡報製作和呈現技巧中。

人人都可以是行走PTT

從3S原則來看，我們不難發現結構化溝通的內涵和外延十分豐富，是完全獨立於想清楚或思考的一種能力。

容我再次說明，在想清楚的過程中，尤其強調用新麥肯錫五步法和MECE原則來解決問題、提取洞見。當我們分析問題並找到解決方案後，下一步就是聚焦於：如何確保溝通成功。例如，3S原則和具體的溝通技巧。

雖然本書以高階商務場合，如融資的上市前法人說明會、投標、專案立項或開會、進度報告、專案規畫、檢討報告等為背景，但結構化溝通的原則和技巧仍具有普遍性。

正因為高階商務溝通意義重大，它的成敗直接影響個人、團隊甚至企業的發展，所以人們才會對此提出更高的要求。在高標準的要求下，麥肯錫也一直是高階場合的贏家。

本書將介紹麥肯錫經過多年戰略實戰磨練的思考技術——結構化溝通。我們需要學習經典，以高標準要求自己，反覆練習。假以時日，我們一定會從自說自話的專家和SWOT天團，進階為PPT收割機。

若能將此方法應用於日常溝通，我們就會驚喜的發現自己已然成為溝通高手。

第二部

規畫篇

第二章

在麥肯錫，從來沒有過度準備

1. 從聽者下手——誰是臺下難防的冷箭

溝通戰略（communication strategy）是商場中應用十分廣泛的概念，是指針對一個具體的內容、事件或聽眾群體，在資訊互動之前準備的溝通計畫。

溝通戰略，一般以正式書面的形式來記錄，以融資的上市前法人說明會或股東會來說，其背景十分複雜，溝通後的決策影響非常大，而且關鍵決策者之間有時存在意見分歧，甚至有嚴重的利益衝突。

在這種情況下，作為發起方，我們需要正視溝通前的準備工作，盡量做到萬無一失。在日常工作中，溝通戰略比較隨意：認真思考目的、主題和聽眾背景，權衡不同方案的優缺點，簡單記錄思路甚至打個草稿，都可以說是在準備所謂的戰略。

溝通戰略規畫，是麥肯錫商務溝通中的關鍵一環。在針對級別最高的戰略專案最終彙報之前，麥肯錫團隊總會做足準備工作：精修簡報，並多次準備和演練。**麥肯錫內部有「沒有過度的準備」的說法，要求團隊將準備工作做到極致。**

表 2-1 溝通關鍵成功要素

溝通前考慮的因素	根據實際情況填寫
目的（期望產出的結果）	
聽眾的背景（相關人員的角色，誰可能反對或支持）	
聽眾的意願（是否關注）	
聽眾的情緒（好感或反感）	
聽眾習慣的展現風格（傾向哪種選擇）	
聽眾關心的要點（總結 3 點）	
時間（時間長度及時間點）	
物理空間（線上或線下，具體描述）	
形式（文字溝通或面對面彙報）	

而在準備階段，麥肯錫團隊內部會使用關鍵成功因素（key success factors，KSF；為確保良好績效並為應對環境中重要的要求，結合本身的特殊能力總結而成的成功必備要素；見表 2-1）有系統的逐一斟酌每項溝通要素，並用詳實的分析做好具體的戰略規畫。

我們可以藉由這一工具，讓工作的價值得到最大化，以及產出符合甚至超越預期的成果。

一、目的：

商務溝通要有明確的目標，但因為戰略屬性不盡相同，所以並沒有所謂的標準打法。為了確認目標，我們要先抑制立刻做事的衝動，啟動大腦系統中的「快思慢想」[1]，先問自己「為什麼要溝通」（Why）。只有搞清楚目的之後，我們才能思考「溝通什麼」（What）和「如何溝通」（How）等細節。

前文提到，麥肯錫結構化不是單向灌輸的宣貫型溝通，而是分析型溝通，需要與聽眾分享資訊，並藉由回饋與聽眾共同做出判斷或決策。

那麼，分析型溝通的目的又該怎麼掌握？一般要符合SMART原則[2]：明確的（Specific）、可衡量（Measurable）、可達成的（Achievable）、相關的（Relevant）、有時限的（Time-bound）。

在實戰中，我們溝通的目的往往是在會議議程（agenda）中，能高度掌握會議目標。接著，讓我們來看看，以下議程節錄是否符合SMART原則。

「在○年○月○日的基金投資決策會上，將由專案組長向投資委員會成員解說A公司的投資建議，而投資委員會成員則會根據討論結果做出決策；如果投資決策通過，我們將進一步討論投資總額和市場節奏等細節。」

首先，投資決策有具體日期，符合有時限的原則；溝通目的，即投資與否的決策也十分具體，提到了能達成可量化的投資總額和市場節奏；而且，每項活動都有明確的相關負責人，例如專案組長負責解說投資建議，投資委員會成員則會根據討論結果做出決策等。

有時為了便於內部討論，除了對外的會議議程總結，我們還可以製作出僅內部使用的版本，例如將目的分成「保守的」和「激進的」，進一步調整策略。

POINT

在主持會議時，要保證會議開始前有議程，會議結束後有小結。在職場中，開會是展示個人能力的最好時機，如果我們能在每個會議，思考開會的目的和參會人

1 諾貝爾獎獲獎者丹尼爾．卡尼曼（Daniel Kahneman）在《快思慢想》（*Thinking, Fast and Slow*）中指出，大腦有兩種不同的思考系統：以直覺和感性為基礎的快思考、負責理性邏輯分析的慢速思考。

2 最早由管理學大師彼得．杜拉克（Peter Drucker）提出。

的期望並做好規畫，那麼假以時日，一定會脫穎而出。

二、聽眾的背景：

高階商務溝通中的聽者與決策者往往指同一群人，他們是商談成敗的最終裁判，其背景和角色也是考量溝通戰略時的重要因素。

然而，溝通是雙向的。當我們將商業主張傳達給聽者，同時也期望對方給予相對應的回饋時，就要了解他們的習慣、專業和文化等背景，預測聽者對溝通的期望，避免因背景差異而陷入各說各話的窘境。

例如，成熟投資機構的決策者一般較為專業，對專案細節要求很高，溝通過程中對邏輯和數字算得很細。那麼，我們就要將溝通重點放在文書的準備上——溝通前反覆推敲專案細節，確保資料精準、邏輯嚴謹。

相反的，有些決策者比較感性或著重大方向，那麼在溝通過程中，宏觀的商業模式和未來預測就比細節更重要，尤其要凸顯團隊構成、過往業績和知名相關方的介紹等。

此外，**我們對不同的聽眾還要有所區別。**

在專案管理相關人員的ＲＡＣＩ的概念（通稱銳西矩陣）的基礎上，可將聽者分為ＲＡＣＩ＋Ｏ五類人員：Ｒ（Responsible）代表負責者、Ａ（Accountable）代表當責者、Ｃ（Consulted）代表事先諮詢者、Ｉ（Informed）代表事後被告知者，以及Ｏ（Opponent）所代表的潛在反對者。

在這之中，**負責者（具體執行者）、當責者（最終決定的人）和潛在反對者（可能反對的人）最為關鍵**，他們是影響溝通戰略和具體戰術制定的重要角色。

雖然負責者和當責者都擁有直接影響決策的能力，但負責者是具體執行者，有時就是溝通發起人，屬於執行層面的發言人；當責者，則是最高決策者，是溝通中最具影響力的關鍵人。

因此，**蒐集並分析當責者的做事風格和決策習慣至關重要**，才能因人而異的調整溝通戰略。例如，某當責者偏好在會前做判斷，也就是說彙報只是走個過場，那麼我們就要趕緊調整，提前與對方充分討論。

還有，潛在反對者經常被忽略，但他們的意見猶如難防的冷箭，往往會帶來災難性的後果。更棘手的是，潛在反對者是根據態度劃分的，可能來自ＲＡＣＩ的任何一方。

事實上，當責者作為最高領導者，即便支持某一提案，也不會一開始就表態，往往會先聽取所有人的意見。所以，如果這時潛在反對者提出疑問，而講者給不出一個令人信服的回應，當責者就會擱置爭議、暫緩決策。

只不過，潛在反對者在發難之前往往不太表態，因此在溝通前，我們最好認真思考潛在反對者的動機和主張，為攻防做足準備。

三、聽眾的意願和情緒：

識別聽眾的情緒，將有助於我們理解其心理狀態、預測對方的意願。

一般來說，當聽眾對講者產生不信任或排斥心理時，可在溝通開始階段嘗試同理心[3]技巧。

第一步：直面問題，挑明擔憂。

第二步：表示理解，建立連結。

第三步：駁斥擔憂，提出觀點。

例如，線下素質教育連鎖店的創辦人做融資說明時，大部分聽眾是中型風險投資（venture capital，簡稱ＶＣ）的投資經理和高淨值投資法人[4]。

假設投資人對教育領域有所擔憂，在投資意願上也有所保留，那麼你就可以使用下方的同理心三步法。

第一步，直面問題，挑明擔憂。

「在座的都是教育投資領域的專家，見多識廣。大家一定都知道目前整個教育產業受到了很大的影響，而且之前因為資本的高速擴張，也讓各家機構為了業績不惜下血本攬客，可最後都沒有盈利。」

第二步，表示理解，建立連結。

---

3 設身處地的分享、理解他人情緒和需求的能力；此定義出自《同理心：做個讓人舒服的共情高手》，作者辛蒂·戴爾（Cyndi Dale）。

4 淨資產須達新臺幣兩百億元以上，並應設有專責單位、專業人員、合規的內部控制制度，以及具備充分的商品投資經驗。

「作為教育產業的創業老手，過去三年，整個業界經歷了翻天覆地的變化，這些擔憂都是合理的。我們旗下的K12教育門市也全面倒閉。」

第三步，駁斥擔憂，提出觀點。

「可是，市場依然存在，我們重視教育、肯為孩子投資的想法也從未改變。首先，作為行業領先品牌，我們公司順應變化，做出了『素質教育』線上、線下融合的重大調整。疫情這三年的收入不降反升，而且透過自媒體的經營和口碑行銷，不僅大幅降低了攬客成本，也有健康的成本結構。接下來，我來分享一下我們公司的全新模式……。」

這是一個不錯的開場。講者事先精準的掌握了聽眾的意願和情緒，能用簡單的開場白建立共同的認知和連結，為後面的細節陳述和最終融資，成功奠定堅實的基礎。這種定制化溝通，建立在精準預判聽眾意願和情緒的基礎上。

四、聽眾習慣的展現風格：

每個人的溝通習慣和偏好不盡相同，講者要提前了解並盡量尊重。一般來說，聽眾的習慣和偏好，往往與公司文化背景有高度相關。

例如，有些企業的分級管理很嚴格，推崇上下級命令式的交流方式，不僅會議座次和發言順序有不成文的規定，也杜絕任何越級行為。

面對這樣的溝通習慣和偏好，我們要因地制宜，例如確認溝通部門的等級，並盡量採取符合對方企業文化的合作方式，以及減少越級報告的狀況。

很多創新型互聯網企業推崇注重效率、直接溝通。面對這類群體，我們同樣需要調整。比方說，報告時直接帶出主題並加快交流節奏，並透過大量的數據分析、穿插影片，來直接展示資訊等。

對交流習慣和偏好的了解、尊重和適應，是確保溝通成功的關鍵因素。然而，這種適應的紅線不能違背邏輯和資料導向等原則，更不能放棄個人或團隊的獨立判斷。保持獨立和客觀，一直是麥肯錫獲得長期成功的基石。

溝通時，我們要直接回答聽眾關心的問題，甚至針對一些要點，重新組織整個對話。

五、聽眾關心的要點：

那萬一遇到敏感的難題，又該如何應對？切記，面對難題，心存僥倖而閃爍其詞是徒勞的。**要點問題被追問時，延後回答反而會對聽眾情緒產生不良影響**。如果語帶拖延又語焉不詳，甚至可能會導致溝通失敗。所以，有經驗的講者會在溝通一開始，就直接回應臺下最關心或最棘手的問題。如果真的沒有好的答案，我們可以延後或取消溝通，重新聚焦於尋找真正的解決方案。溝通技巧可以傳達真知灼見，卻無法掩蓋它的缺失。

六、時間：

這裡的時間有兩層含義。第一層含義是時間長度。可以用來呈現和互動的時間是有限的，時間長度也是制定溝通戰略要考慮的要素之一，例如在時間有限的情況下，上百頁簡報的溝通效果一定不盡理想。

所以，麥肯錫戰略項目的最終彙報，往往是三小時以上的閉門彙報，團隊會準備長短不同的兩個版本。一是，不超過五十頁的簡報彙報版，用於現場的互動；二是，作為完整資料留給客戶的最終檔案，共約幾百頁，外加繁雜的 Excel 等資料。

第二層含義，是指此次溝通在整體專案中所處的時間點。麥肯錫會根據不同的時間點調整戰略。

例如，是中期彙報，還是最終彙報，決定了溝通中的側重點有所不同。中期彙報主要是報告最新進展、分享初期的資訊，並和客戶確認下半階段的調查研究方向和重點，同時就所需支援和已知風險，進一步的溝通。

因此，中期報告較不注重儀式，而是將重點放在交流和探討；反之，最終彙報作為解決方案的終極考驗，往往嚴肅而正式，需要專案團隊全力以赴並做到極致。

POINT

出於對聽眾的尊重，講者要有強烈的時間觀念，只講關鍵並根據臺下的回饋調整後續溝通內容：**對大家都熟知的資訊（如背景資訊）和共識（如公司戰略）要從略，對大家都關注甚至略有爭議的議題，則要分配更多的時間討論。**

時間要素會影響溝通戰略的規畫，所以充分掌握時間也對溝通戰略有利。例如，為了提供更好的溝通戰略，我們可以透過調整時間長度，實現最終的溝通目的。

七、物理空間：

在大多數情況下，空間和場所也是一種限制。物理空間的細節，包括投影機、麥克風、座椅擺設、姓名名牌等，如果有與會者遠端參加會議，還包括視訊會議設備的調配等。

高階商務的溝通，講者要盡力做足空間方面的準備，但由於場地隨時都可能會有突發狀況，因此我們可先針對可控因素來應對，例如提前到場準備、擬定備用方案等。

此外，對硬體設備的各種突發狀況，也要有正確的認知。

純屬意外的突發事件，如會場停電，並不是團隊的問題，因此完全沒有必要自亂陣腳，有時**反而能凸顯一個團隊的專業性**、**創造力和掌控力**。如果我們能從容不迫的解決硬體設備的突發問題，反而會提高別人對自己的好感度。

比方說，會場投影機不好用，就用白板互動；如果沒有白板，就將事先準備好的資料發給臺下的人，並有條不紊的引領他們閱讀，同時安排替換會場設備。

八、形式：

溝通主要有四種方式，即口頭陳述、檔案備忘錄、PTT和寫白板。只有了解各方式的特性，我們才能依特定商務場合，選擇最適合的呈現方式。

一、口頭陳述：口頭陳述不借助其他輔助工具，僅靠口頭交流（包括神態和肢體語言等）來溝通。

口頭陳述有時間長短之別。一般來說，在口頭陳述中，限時越短，對講者的要求越高。因為講者要在短時間內用簡單直白的話，闡述一個相對複雜的想法。經典的電梯陳述（elevator pitch），就是這種精華短版口頭陳述的極致展現，要求講者在三十秒到六十秒表述核心觀點。

二、檔案備忘錄：檔案備忘錄（包括電子郵件）曾是商務溝通中很常使用的形式。由於備忘錄篇幅限制少且準備時間相對充裕，所以我們可以詳細羅列思路、邏輯、數據等相關資訊。

在辦公系統發達的今天，儘管臉書（Facebook）、Instagram、LINE 等即時通訊軟體已是職場常用的溝通工具，但正規的檔案備忘錄仍具有備份數據，以便日後回顧的優點。

三、簡報檔：PPT是由微軟（Microsoft）公司所開發的熱門軟體，也是現在開會最主流的形式；這裡的簡報，泛指現場報告用的所有軟體媒介。雖然受到新生代資訊科技解決方案（T solution；包括IT外包服務和數位轉型方案等發展趨勢）的衝擊，但簡報依然是高階商務溝通的首要之選。

精緻的簡報檔案，不僅代表主講者已做好準備，也能展現其重視的程度。關於商務寫作的通用技巧，本書將在第三部分寫作篇中詳細闡述。

四、白板：指相關人員站在白板前，拿著白板筆邊書寫，邊與團隊討論的共同創作過程。白板是互動性最強的形式，通常適合小範圍的討論。在大型互聯網公司等先進企業尤其常見，也是麥肯錫在頭腦風暴[5]時的首選工具。

這四種方式各有利弊，在溝通現場，可取長補短搭配使用，或是根據現場情況選取兩到三種方式。

例如，針對難懂的部分，講者可以轉用白板另外解說。

以麥肯錫來說，他們會根據不同場合，用到以上四種溝通方式：準備口頭陳述，以備隨時與關鍵人討論；呈現簡報時，既要有不超過五十頁的精華版，作為移交資料，還要有幾百頁的簡報或檔案備忘錄[6]；白板則是頭腦風暴和會議中最常用的。

總的來說，麥肯錫要求員工要能隨時運用這四種形式，尤其是面對突發狀況時，例如會議時間被意外壓縮，關鍵人拒絕看簡報、設備出現問題等。關於如何應對突發狀況，我會在第八章中詳細說明。這裡要強調的是，口頭陳述便利且靈活，優勢明顯，是所有人必備的應急溝通形式。

POINT

講者必須具備脫稿講簡報的能力。在許多商務溝通場合，聽眾由於時間、習慣和物理等限制因素，會要求講者做口頭陳述。

5 Brainstorming，亦稱腦力激盪法；利用自由聯想和討論，為激發更多新觀念或創意的方法。

6 麥肯錫內部稱它為「豎版材料」（Verical）。

2. 保密至上，所有客戶都只稱「專案」

詳細分析關鍵成功因素，能為溝通奠定堅實的基礎，但在展開協商前，我們還要注意常見的三大陷阱：過度溝通、外部風險和PPT詛咒。

過度溝通：不談假設、不相干的事

「這次溝通真的有必要嗎？」先思考這個簡單的問題，可以有效避免低效、甚至有害的商務溝通。

職場中，缺乏溝通帶來的問題顯而易見，不但不利於推動專案，也不利於管理上級。專案上的溝通不順暢，還會造成資訊的嚴重不對稱，進而導致團隊合作受阻、專案推動困難。除此之外，各相關部門如果對專案目標、溝通的時間點或階段交付物的理解有落差、職責劃分不明，也會影響整個專案的進度。

另外，專案所有者（總負責人或專案負責人的直屬主管）需要了解資訊，以掌握專案進度。但要記得，對專案所有者而言，**沒有消息往往不是什麼好消息**，而是代表失去能見度和掌控能力。如果長時間得不到新資訊，敏銳的主管會因此採取相應措施，例如對負責人予以警示並要求限時回報進度等。

過度溝通同樣有害，最常見的情況，是**把不必要、不相關的細節作為溝通內容傳達出去**，節外生枝，造成不良後果。以諮詢專案為例，假設主要任務是解決成本控制的問題，專案小組在與客戶溝通時，卻大量講述關於品牌定位的觀點。這樣的岔題會顯得團隊不夠聚焦，甚至缺乏專業度。

根據麥肯錫的戰略諮詢經驗，溝通一定要聚焦主要問題，切忌喧賓奪主。無論超出問題定義的發現有多大的價值，都不要將之列入主要文件中，最多蜻蜓點水般的提示或列於附錄中。

另外一種過度溝通，是時間點不恰當。

每一項專案都有相應的節奏和週期。對於戰略專案，在初期調查研究還不夠深入時，過早溝通與不成熟的判斷，都會嚴重降低團隊的可信度。

商務洞見的擬定，要經過反覆的驗證，**假設某一洞見還未被驗證，那麼它只能作為驗證的標靶，而不能作為溝通的內容**。尤其是在面對厲行上行下效文化的企業及其管理者時，我們不能提前溝通正在驗證的假設，因為管理者很可能會將還在溝通中的思考，即半成品當成結論。

為避免陷入上述狀況，麥肯錫在做戰略專案期間，會嚴格控制專案小組與客戶溝通的頻率和內容。

以典型的八週到十週的專案來說，麥肯錫團隊一般會有兩次關鍵的客戶彙報：一次是在專案開始後，一個月左右的中期彙報，用來確保大方向；另一次是在最後一週進行的最終彙報，用來呈現最終的戰略。

除了這兩次關鍵彙報，專案經理還會定期與客戶負責人快速討論，例如一週一次的三十分鐘簡短電話交流或面談。其他小組成員，則被要求盡量避免與客戶直接討論進度。掌控這些細節，就能充分避免過度溝通。

POINT

蹲坑權益（squatting rights）是指在籌畫期，專案負責人提前和相關關鍵人預約行程，尤其是與最終決策者。

例如：和對方約好每週或每兩週討論一次，像這樣，固定把時間較短的會議排入對方的行程，不僅可以保持良好的互動，也能避免彼此因方向不同而引起分歧。

外部溝通：防範風險

在交流範圍上，我們要認清內部和外部溝通，是兩種屬性截然不同的方式，並予以區別。一般來說，雖然內部溝通的頻率很高，但風險是可控的。

相反的，外部溝通則是風險很大。例如：近年來，社交媒體上經常看到，內部員工的電子郵件或對話紀錄被截圖外流。

雖然影響層面有限，而且公司可以透過法律追究外洩者的責任，但我們仍應盡量避免發生類似的情況。

因此，面對外部溝通風險，除了要細分並嚴格落實相應的管控規則，每個人也要提高自己的風險意識——在對外溝通時稍有不慎，就會為公司帶來損害，個人的職涯發展也會連帶受到影響，甚至中斷。

目前，有越來越多的公司都開始注重外部溝通的風險，並採取相應的管控對策，例如在中國三大互聯網企業BAT（百度、阿里巴巴、騰訊）類企業，管理層出席任何論壇均須報備和批准。

麥肯錫則是在外部溝通的授權人員、內容、形式等方面，都有明確的界定。例如：在人員方面，專案團隊要統一對外的聯絡窗口，以確保資訊一致，以及避免專案內部的敏感資訊（如客戶敏感數據、團隊未被驗證的假設）外洩。在內容方面，專案團隊要遵循有效至簡原則，因為冗長無關的資訊非但不利於聽眾聚焦，而且會增加不必要的風險。在溝通形式方面，專案團隊要遵照公司統一的格式，包括色系、字型大小、首頁的保密標籤等。

在麥肯錫，提及客戶的名稱都是忌諱。公司要求諮詢師絕對不能對外提及當前客戶的名稱。如果必須提及，**都只稱客戶為「專案」（study）**，例如「我目前做的這個 study」。即便在麥肯錫的員工之間，如果雙方不同部門，也要避免談論各自客戶的名稱，更不用說專案的具體內容。這一切都是為了保護客戶隱私並降低風險。

看似平常的一句問候——「你是負責哪個專案？」，在麥肯錫往往會招來白眼。對方或許還會略顯擔憂的在你耳邊低語：「你是新來的吧？」

POINT

有效至簡這一原則，是源自於產品設計中MVP（Minimum Viable Product）的概念，意思是用最低的成本，完成你的產品。

在產品設計初期，設計者會先做出一個產品讓使用者試用並給予回饋，旨在避免把時間浪費在產品開發上。而在一般職場中，同樣應遵循有效至簡原則：**就事論事，只提供足夠可證實或可證偽觀點的資料等；多餘的內容只會增加溝通的風險。**

PPT詛咒：沒有核心觀點

作為商務交流的媒介，PPT幾乎「霸占」了會議室的螢幕。隨著簡報的流行及過度應用，職場人越來越依賴簡報。例如：只著重於簡報的表現方式，或是拘泥於修改細節，卻忽視了原本的溝通目的及核心觀點。這種捨本逐末的觀念，被我稱為「簡報詛咒」。

如果太依賴PPT，有些人甚至會因沒有簡報而無法溝通。比方說，團隊成員需要相關人員騰出時間來討論某個議題，在這種情況下，我就會要求自己團隊的成員**先口頭陳述核心觀點**。

曾任麥肯錫戰略顧問的伯納德·加雷特（Bernard Garrette）在《像高手一樣解決問題》（*CRACKED IT!*）一書中說：「那些不明確自己的核心觀點的人，他們製作投影片就像唱歌卻忘記歌詞一樣，含糊不清的歌詞和曲調似曾相識，但你究竟在唱什麼呢？」

商務文書的核心觀點，就是歌曲的歌詞。沒有歌詞，作為媒介的簡報就失去了靈魂。而且，PPT詛咒還代表講者抓不到核心觀點，只是急著先做簡報，然而一開始就拘泥於細節，反而會讓人忘記簡報的初衷。

本書會詳細介紹正確的商務寫作：從錘煉核心觀點開始，先想明白並提煉洞見，再用點線大綱寫出故事線。最後，再依點線大綱，具體製作每一頁簡報。

在商務呈現上，同樣是以核心觀點為主導，不要讓表現形式（如PPT）喧賓奪主。如果我們從核心觀點開始創作故事，就可以降低、甚至消除對簡報的依賴。當我們對要講述的故事主線嫻熟於心時，僅口頭呈現就已經足以充分表達洞見；簡報只是提供視覺和數字的工具。

POINT

在不打開簡報的情況下，嘗試用自己的話在兩分鐘內講完核心觀點，測試自己能不能流暢的完成口頭陳述。

如果不能，就代表整體邏輯掌握得還不夠透澈，需要繼續練習；如果可以的話，建議你把每頁簡報的第一句話唸出來，並與自己的口述版本對比。我們可以反覆練習，直至口頭陳述和簡報大綱一致為止。

3. 開會前，先弄清楚這些問題

麥肯錫對高階商務溝通的工具及方法的運用，完整展現了商務溝通的高標要求。在進行日常溝通前，例如，在發出專案方案或計畫召開討論會，甚至是一封普通的業務郵件前，我們不妨先問問自己以下問題：

- 此次溝通的目的是什麼？
- 關鍵人是誰？
- 關鍵人偏好什麼溝通風格？
- 聽眾的情緒和傾聽意願是什麼？
- 聽眾最關心的問題是什麼？
- 如何選擇溝通的時間和場所？
- 溝通形式是否是最好的？

我們還要提醒自己不要踩到溝通的地雷。

- 溝通是否過於頻繁或嚴重不足？
- 如果是外部溝通，有沒有防範風險？
- 有沒有不小心犯了PPT詛咒？

將上述方法應用到職場日常溝通中，假以時日，我們會發現溝通的品質獲得了意想不到的改善。

第三章

洞悉數字的規律與趨勢

1. 每個標題都必須是一個判斷

「抓關鍵！抓關鍵！抓關鍵！」

「講重點！講重點！講重點！」

我們在會議室裡經常聽到，主管要求部屬抓關鍵、講重點。職場如戰場，大家都很忙，沒有人願意把時間浪費在毫無內涵的絮叨上。溝通要切入主題，言之有物；而「抓關鍵」和「講重點」，就成了溝通的基本要求。儘管如此，抓關鍵並不容易，甚至是奇缺的能力，是當前每個人亟需提升的個人能力。

我們先來看看，抓關鍵到底指的是什麼？

「抓關鍵」這個描述多少會有些誤導，原因在於「抓」這個字，動詞「抓」假定了關鍵的客觀存在。從字面上來看，抓關鍵中的關鍵，似乎是個四處亂竄的狡猾獵物，我們要像獵人般眼明手快的將其捕獲。然而，現實中的關鍵，又名「洞見」，絕對不是什麼四處亂竄的獵物，它在被抓住之前並不存在。**關鍵本就虛無，需要我們從無到有的創造。**

抓關鍵不只是溝通技巧，更是提取和創造。它與思考品質息息相關，是建立在「想清楚」之上的「說明白」。

也就是說，關鍵是我們大腦思考的產物，將關鍵創造出來後，才有抓的環節，即應用高效溝通技巧等。抓關鍵中的關鍵，等同於洞見，是高度實用的；而關鍵，往往出現在靈光一閃的「啊哈時刻」[1]。

洞見與表象相對立，兩者要放在一起探討。表象是看起來雜亂無章的事件和資訊；洞見是能連接相關表象、隱藏在表面背後的根本原因。

其實，在回饋的溝通中，**無法掌握關鍵的人，往往是因為表象過多而無法洞察**。因此，我們不要講太多表象，要直接說背後的根本原因——也就是洞見、實用的資訊。

1 又譯為「頓悟時刻」，描述收穫超過預期時，人發出「啊哈」一聲驚嘆的場景。

結構化溝通的黃金原則：洞見先行。

這個原則指的就是開門見山，我們要將判斷、結論或核心觀點，放在最前面。無論採用哪種溝通和表現方式，都適用洞見先行的原則。在過程中，我們要先闡述自己的核心觀點、洞見，然後輔以論據或分論點。

這一原則簡單易懂，但在職場上卻經常被遺忘。比方說，電子郵件正文中赫然寫著「見附件」，卻沒提供重點內容，僅附著幾個容量極大的 Excel 或 Word 檔。這類的做法不僅缺乏責任感，甚至可以說是對讀者極為不尊重。

切記，講重點、拿出效率是一種責任，作為溝通的一方，我們絕不能要求對方解讀原始資料、猜測自己的思路和邏輯，而是做足前期工作，提出洞見並採用對方容易理解的方式清晰表述。

除了電子郵件，其他商務文案，如簡報，也要遵守洞見先行的原則。例如，**簡報的每一頁標題必須是一個完整的判斷或洞見**，其他內容則是用來支撐你的論點。

常見的簡報標題，如團隊組成或財務現狀，這些其實都是不合格的標題。像團隊構成，這個用字只闡述了內容的方向，並不包含主講者想要傳達的判斷，因此應該改成：「以科技背景專業團隊，引領公司技術。」

也就是說，先將判斷傳達給讀者，接著才是描述各高階主管的科技背景，以支撐標題。

再舉個生活中的例子，讓大家看一下洞見和表象的區別及洞見先行原則的效果。比方說，你和朋友Ａ聊天，提到共同的朋友小白，你問：「小白最近怎麼樣？」如果是表象級溝通，Ａ會給出以下答案：

「小白跟我說他最近經常失眠，臉上還長了痘痘！」

「他最近上班經常遲到，把車鑰匙丟了，昨天午休時還差點走錯廁所。」

「小白開會也不主動，我跟他做同一個專案，他錯過了截止日期，連帶我也被批評了！」

「最近小白變得有些孤僻，也不見他跟什麼人來往。」

即使在這樣閒談的場景中，Ａ說的話毫無重點，讓人失去耐心，這些陳述的核心問題便是表象過剩。Ａ滔滔不絕的羅列毫無重點的資訊。面對表象的無序堆砌，再有涵養的人也會按捺不住，說出那句經典的：「講重點！抓關鍵！」

洞見版本如下。

「小白肯定失戀了！我從以下三個方面得出這個結論。」

「第一，小白在工作上喪失鬥志：經常遲到，開會不發言，連簡單的專案都搞砸了。」

「第二，他在生活上精神恍惚：弄丟鑰匙、失眠，連廁所都差點走錯！」

「第三，他在生理上出現了內分泌失調：長了一臉痘痘。」

「而且，小白之前跟女朋友如影隨行，最近就沒見他跟女朋友在一起。」

差異是如此明顯！

這個版本應用了洞見先行原則和結構化溝通的技巧，明顯更高招（雖然風格過於商務）。

首先，把「小白肯定失戀了」這個洞見放在第一句，主題鮮明，讓人一聽就懂。其次，用了結構化「出口成三」技巧（第九章）。

最後，用了結構化「切分」技巧，將關於小白的瑣事用子目錄法[2]分成三大類型——工作、生活和生理，然後對每個方面做了精準的概括：「在工作上喪失鬥志」、「在生活上精神恍惚」、「在生理上出現了內分泌失調」。

每個方面的敘述都帶出了後面更細的表象，在承上啟下的同時，與細節一起呼應自己提出的「小白肯定失戀了」這個核心觀點。

2 作者於《麥肯錫結構化戰略思維》提到的四大切分方法之一，分別是子目錄列舉法、流程法、公式法和邏輯框架法。

2. 是什麼導致數字產生了變化？

所有資料及資料規律都是表象。雖然洞見與資料息息相關，但我們不能滿足於發現資料規律，而應該進一步探尋背後的成因。

資料分析在職場很常見，而且由於資料有時的確來之不易，職場新人往往樂於把資料及資料規律記錄下來。比方說，作為零售巨頭的一線經理，你主動蒐集和分析資料，發現中心商業區（Central Business District，簡稱ＣＢＤ）附近零售店四月的銷售額比三月提升了二〇％；而且你考慮到有可能是季節性差異所致，還特意找出去年四月的銷售資料，相比之下，發現也有一〇％的增長。

接下來，你可能會按捺不住，興奮的向主管直接彙報。結果他反應冷漠，反而問了一連串問題。被潑一盆冷水之後，我們可能會想：「資料規律難道沒有價值嗎？他是不是針對我？」這樣想的話，你很可能誤會了。

的確，資料和資料規律本身是有價值的，有時還能為行銷決策提供依據。例如，經典的「啤酒和尿布」。

全球零售業龍頭沃爾瑪（Walmart）超市的門市經理，發現每逢超級盃（Super Bowl）橄欖球決賽，啤酒和尿布會同時賣得好。根據這項資料規律，經理每逢橄欖球決賽，就把這兩種貨品並列擺放在門市出口的貨架上，結果銷售額大幅提升。

另一個經典案是，颶風與小甜點 Pop-Tarts 的故事。每當颶風來臨前，沃爾瑪的資料顯示，一種名為 Pop-Tarts 的美式夾心餅乾會熱銷。公司利用這個資料規律，一旦有颶風警報就備足數量，確保不會斷貨。

然而，**僅有資料和資料規律，而不去探究背後的原因，依此做出的決策很可能淺嘗輒止，甚至是危險的**。

以上述案例來看，如果我們不止於發現資料規律，而是進一步挖掘資料並分析使用者，就會發現：在橄欖球決賽購買啤酒和尿布的消費主體是有孩子的父親，啤酒是他們看體育節目時的剛性需求[3]（Inelastic Demand），購買尿布則是出於內疚心理而做出的補償行為（自己觀看比賽，而太太要照顧孩子）。

3 指在商品供求關係中，受價格影響較小的需求。

「內疚消費」是洞見級的發現。按照內疚消費的邏輯，店家也可以嘗試其他搭配。畢竟要照顧孩子的男性消費者是少數，更多內疚消費的男性在買啤酒時需要什麼？玫瑰花或許是一種可能。但啤酒與玫瑰花只是開始，內疚消費有效的定義了一種特定的消費類型，讓行銷人員產生了新的消費者洞察，從需求的角度重新審視自己的產品組合。

同樣的，透過提出洞見，我們也會看到風險。颶風過去經常造成煤氣和電力供應不穩定，颶風期間，居民需要一種無須加熱且保鮮期長的食物作為應急食品。而 Pop-Tarts 因符合需求且性價比較高，因此一度熱銷。不過，經調查研究發現，基礎設施的提升解決了能源供應的問題，而且市場上也出現了口味更好的食品加熱包。如果店家不了解表象後面的洞見，依然按經驗來大量購進餅乾，就有庫存積壓風險，同時也會錯過銷售利潤更好的替代品。

由此可見，洞見的價值遠高於表象。對資料或表象後面的原因或洞見不聞不問，會限制資料應用的效果，甚至可能帶來高風險。作為職場人，我們應該在紛雜的表象中尋求並提出洞見，為企業提供更好的增值服務。

再看前面的銷售案例：CBD附近的零售店四月的銷售額比三月提升了二

○%，比同期增長了一○%。按照表象和洞見的定義來判斷，增長的數字是表象，洞見是什麼？這就是主管一連追問下來，要釐清的重點。

- 銷售額提升了，毛利和淨利[4]如何？
- 有沒有發生特殊狀況，如促銷、增長是否可持續？
- 哪些品項或產品貢獻了最大的增長，原因是什麼？
- CBD附近的零售店有什麼特殊之處，其資料有多大的代表性？
- 其他地段的門市（如社區零售店）有何不同？如果不同，為什麼？

到底是什麼導致了資料層面的變化？有沒有可複製、可規模化的方案？止步於發現資料和資料規律，是不成熟的職場表現，因為**做資料的搬運工十分容易，而探究表象後面的洞見需要更多的思考與努力**。

例如，透過挖掘資料和深度思考，我們發現四月的銷售增長，主要源自於引

4 毛利為營收扣掉營業成本；淨利則是再扣掉管銷成本（人事、租金等）。

進高級現磨咖啡品牌B的新品，其產品毛利高，但初期促銷導致淨利低；B的產品雖然在全國各門市都有推廣，但由於目標客群與消費需求不符，社區零售店（與CBD附近的零售店相比）表現一般，甚至部分出現虧損。

帶著更精確的資料分析和初步統整的洞見，我們可以更有信心的彙報：

「根據銷售資料和消費者調查，現磨咖啡品牌B的新品占CBD附近的零售店銷售額的二〇%（占增量百分比的××）；但資料對比時發現，B的新品由於目標客群與消費需求不符，在非CBD附近的零售店（如社區零售店）目前銷售情況不盡理想，並且虧損正在擴大（四月虧損××），建議進一步調查研究B的新品市場資料並適當調整推廣策略。」

如果能不停留在資料和資料規律層面，持續透過表象看到洞見，你自然會在競爭中脫穎而出。

3. 相較於平均值，極端資料更有價值

在海量的資料和紛繁的表象中，提煉洞見是商務溝通的核心能力。提煉洞見經常是獨自摸索的過程，其他人很難介入並提供幫助，這無非增加了學習難度。再加上，由於資訊不對稱，接收方往往只能傳達個人的看法，但無法明確指出有哪些關鍵和重點，更遑論由接收方來指導講者。

以下介紹「洞見提煉五步法」，初學者可以透過五個簡單的步驟反覆練習，找出表象中深藏的洞見。

第一步：尋找數字中的規律和趨勢。
第二步：尋找極端的數字及其含義。
第三步：對比參照資料並分析差異。
第四步：尋求其他相關資訊。

第五步：推演並提煉洞見。

我們以一組加拿大（Canada）青少年冰上曲棍球（以下簡稱冰球）冠軍隊成員名單為資料組[5]，展示如何用五步法萃取洞見。

第一步：尋找數字中的規律和趨勢

廣義的資料，包括定量資料（Quantitative data，以數字形式表現出來的研究資料）、文字描述和圖片等資訊。例如：客戶滿意度調查的紀錄、租車時拍攝的車輛現狀照片；狹義的資料則是指已經量化的數字，如第一〇一頁表3-1中，冰球隊成員的身高、體重。

這些沒有經過量化的文字、圖像和影片等，通稱為「非結構化資料」[6]，很難定量分析。為了便於資料分析和深入探討，我們通常會先做出架構和資料，如以分數（假設從一到十）表示顧客滿意度，便於後期分析。近年來，隨著AI等科技的進步，非結構化資料的處理正逐漸自動化。

排序是尋找資料規律時常用的方法。我們可以將身高、體重和姓名按照遞增排列，當相同或相近的資料聚集成組後，便會發現之前沒有觀察到的資料規律。

例如，分析二〇〇七年加拿大青少年冰球冠軍隊成員名單（見第一〇一頁表3-1），就能發現，如果姓名按字母A至Z排列，成員中名字是喬丹、麥特、泰勒的分別有兩人；全隊中沒有重複姓氏的人，也沒有擁有明顯的亞洲姓氏的人。原籍中的省分也可以排序，接著便會發現家鄉省分是「亞伯達省」的隊員最多，共有十三名，占全隊人數的五二％。

透過排序，我們還能發現左翼的慣用手都是左手；右翼的慣用手大都是右手，但戴瑞克．鐸塞特用左手。體重上，後衛的體重普遍更重一些，平均體重近九十公斤，超出左右翼（平均體重八二．七五公斤）近一〇％。

5 引用自暢銷作家麥爾坎．葛拉威爾（Malcolm Gladwell）的《異數：超凡與平凡的界線在哪裡？》（*Outliers: The Story of Success*）。

6 指資料結構不規則或不完整，沒有預定義的資料模型，不方便用資料庫二維邏輯表來表現的資料，包括所有格式的辦公檔案、文本、圖片、網頁、各類報表、圖像和音訊、影片資訊等。非結構化資料的格式和標準多樣，而且在技術上比結構化資料更難以標準化及理解。

體重（kg）	生日	原籍
78	1988-02-14	薩省馬騰斯維爾
85	1988-01-04	卑詩省西岸
80	1989-03-20	亞伯達省標準市
83	1987-01-21	曼省聖安德魯斯
81	1986-12-20	薩省金德斯里
78	1987-01-10	亞伯達省紅鹿
84	1988-01-15	亞伯達省科克倫
84	1988-03-02	曼省尼帕瓦
81	1987-04-12	亞伯達省麥迪森哈特
89	1987-09-12	亞伯達省麥迪森哈特
73	1989-10-06	亞伯達省艾德蒙頓
83	1990-04-11	卑詩省米遜
75	1987-01-27	斯洛伐克省赫西亞羅夫
76	1989-01-26	亞伯達省迪茲伯瑞
89	1986-08-20	卑詩省道森溪
93	1987-03-01	曼省溫尼伯
89	1987-05-07	亞伯達省艾德蒙頓
86	1988-01-22	亞伯達省科克倫
80	1987-05-02	亞伯達省卡洛林
93	1987-08-07	明尼蘇達省沙托爾
83	1989-01-31	卑詩省亞伯茲福德
90	1989-02-20	亞伯達省石原
104	1988-02-09	亞伯達省雷迪克
75	1989-06-29	薩省雷洛伊
86	1986-04-27	亞伯達省麥迪森哈特

資料來源：《異數：超凡與平凡的界線在哪裡？》。

表 3-1 2007年加拿大青少年冰球冠軍隊成員名單

編號	中文名	位置	慣用手	身高（cm）
9	布南・博許	中鋒	右	172
11	史考特・華茲登	中鋒	右	185
12	柯頓・葛蘭特	左翼	左	175
14	達倫・韓穆	左翼	左	183
15	戴瑞克・鐸塞特	右翼	左	180
16	丹尼・陶德	中鋒	右	178
17	泰勒・史威頓	右翼	右	180
19	麥特・羅瑞	中鋒	右	183
20	凱文・安德修特	左翼	左	183
21	傑瑞德・索爾	右翼	右	178
22	泰勒・恩尼斯	中鋒	左	175
23	喬丹・希克摩特	中鋒	右	183
25	賈庫柏・魯培爾	右翼	右	172
28	布雷頓・卡麥隆	中鋒	右	180
36	克里斯・史蒂文斯	左翼	左	178
3	果德・白德溫	後衛	左	196
4	大衛・史蘭柯	後衛	左	185
5	崔佛・葛拉斯	後衛	左	183
10	克里斯・羅素	後衛	左	178
18	麥可・索爾	後衛	右	191
24	馬克・伊舍伍德	後衛	右	183
27	夏恩・布朗	後衛	左	185
29	喬丹・班菲德	後衛	右	191
31	雷恩・何斐德	守門員	左	180
33	麥特・基特利	守門員	右	188

這些資料規律與冰球的運動特點有關，左翼要左手持杆，後衛多半更偏重力量。這些資料規律雖然有的有趣，如後衛的體重更重一些；有的給人啟發，如亞伯達省冰球健將頻出，但這些數據們還不夠極端，更不要說驚人了。

第二步：尋找極端的數字及其含義

人們經常認為資料分析中的平均值十分關鍵，因為它極具代表性、資訊量大。實際上，平均值在分析中往往只是參照數值，不能直接作為結論依據，應用不善甚至會誤導人。

例如，如果調查身高，有籃球運動員所在班級的學生平均身高會較高，但這並不能說明這個班級的學生身高普遍較高。即便使用中位數[7]，資料分布等因素也可能干擾中位數代表的意義。

相對於平均值，極端資料在數據中，更具有洞見性質。極端資料通常包括最大值、最小值和零（或接近於零），也包括異常高或低的占比等。

極端資料往往與非典型事件相關，而非典型事件背後的成因經常帶來啟發，甚至生成洞見。

例如，大家耳熟能詳的X光（X-ray）的發現和微波爐的發明，都源自極端現象；又如震驚醫學界的「羅塞托之謎」，源自一位名叫沃爾夫的美國醫生，對極端資料的好奇和鍥而不捨的分析。

羅塞托之謎是心血管疾病致病因素的重大發現。在一次偶然的聊天中，沃爾夫醫生聽說羅塞托小鎮上，六十五歲以上的心血管病患者非常少，該地區心臟病患者的死亡率只有全美國的一半左右。這份極端資料引起了沃爾夫醫生的強烈好奇。確認資料正確後，沃爾夫醫生調查了羅塞托小鎮居民的各方面，包括飲食、生活習慣、去氧核糖核酸（deoxyribonucleic acid，簡稱DNA）等，最後用科學的方法導出結論：「良好的社區和家庭結構可以降低心血管發病率、甚至延長壽命。」

在前面冰球冠軍隊成員名單的例子中，每組資料中都有極端資料，包括身高、體重等。其中的最大值、最小值基本上沒有超出一般的常識，但當我們仔細觀察生口資料時，會發現出生月分顯得格外異常：一月到四月出生的成員居然有十七名，

7 又稱中值，統計學中的專有名詞。中位數是按順序排列的一組資料中，居於中間位置的數。

占整體人數的六八％——這項發現將引領我們去思考背後的真正原因，開啟探索洞見之旅。

第三步：對比參照資料並分析差異

一月到四月只占全年月分的三分之一，而在此時出生的成員卻占該冠軍隊的六八％，這是個驚人的發現。這種百分比差異應具有統計學的意義[8]，不太可能是偶然現象，更像是特定的原因造成的。不管資料規律多麼極端，依然是表象範疇，那麼這個差異到底是怎麼產生的？

在尋求洞見的第三步，我們開始比對參照資料並分析。首先，比對其他體育項目，例如籃球和排球的冠軍隊，並注意是否具有同樣的規律。結果，其他項目的隊員出生月分分布相對平均，類似的出生月分集中的現象並不存在。

其次，再看其他國家的情況，尤其是以冰球為國球的國家。分析二〇〇七年捷克青年冰球隊成員的名單（見第一〇六頁表3-2），居然可以發現同樣的規律！在這份二十二人的名單中，一月到四月出生的人數為十二人，占總人數的比例高達五五％。

第四步：尋求其他相關資訊

冰球冠軍隊成員的出生月分集中在年初，是因為年初寒冷的天氣，還是因為懷孕期間的營養？或許還有更有趣的猜測。如果人口分布就是一月到四月多，那麼我們大概可以解釋成：冰球明星多。然而，這些猜測都被逐一推翻了。資料和資料規律都是表象，我們手裡有奇怪的資料規律，便需要尋求其他資訊以深入提煉洞見，而這個過程往往需要反覆推敲，並不容易。

這時，資料規律本身已足以讓我們做決策了。假設你是美國冰球聯盟的星探，正在加拿大尋找冰球新星，但時間緊迫、任務重，有十名候選人需要面試，而你的時間只夠見其中一部分人。這時，出生月分的資料規律，就可以輔助你初篩，因為歷史資料已證明：一月到四月出生的人，大都具有打冰球的潛力。

8 指某種資料差異的發生，不可能是選擇資料組時隨機發生的偏離，而是由某個具體原因造成的。

表 3-2　2007 年捷克青年冰球隊成員名單

編號	中文名	生日	位置
1	大衛．柯維敦（David Kveton）	1988-01-03	前鋒
2	吉禮．蘇奇（Jiri Suchy）	1988-01-03	後衛
3	麥可．寇拉茲（Michael Kolarz）	1987-01-12	後衛
4	賈庫柏．佛吉塔（Jakub Vojta）	1987-02-08	後衛
5	賈庫柏．金德（Jakub Kind）	1987-02-10	後衛
6	麥可．佛洛里克（Michael Frolik）	1989-02-17	前鋒
7	馬丁．韓薩爾（Martin Honzol）	1987-02-20	前鋒
8	托瑪斯．史佛博達（Tomas Svoboda）	1987-02-24	前鋒
9	賈庫柏．瑟尼（Jakub Cerny）	1987-03-05	前鋒
10	托瑪斯．庫德卡（Tomas Kudelka）	1987-03-10	後衛
11	賈洛斯拉夫．巴頓（Jaroslav Barton）	1987-03-26	後衛
12	白吉維爾（H.O.Pozivil）	1987-04-22	後衛
13	丹尼爾．拉可斯（Doniel Rokos）	1987-05-25	前鋒
14	大衛．庫傑達（David Kuchejda）	1987-06-12	前鋒
15	弗拉季米爾．蘇波卡（Vladimir Sobotkd）	1987-07-02	前鋒
16	賈庫柏．柯發爾（Jakub Kovar）	1988-07-19	守門員
17	盧卡斯．凡塔克（Lukas Vontuch）	1987-07-20	前鋒
18	賈庫柏．佛瑞斯（Jakub Voracek）	1989-08-15	前鋒
19	托瑪斯．帕斯皮西爾（Tomas Pospisil）	1987-08-25	前鋒
20	翁德瑞吉．帕夫雷克（Ondrej Pavelec）	1987-08-31	守門員
21	托瑪斯．康納（Tomas Kana）	1987-11-29	前鋒
22	麥可．雷皮克（Michal Repik）	1988-12-31	前鋒

資料來源：《異數：超凡與平凡的界線在哪裡？》。

但是，我們**不能止步於資料或資料規律，刨根問底、萃取洞見，方能言之有物，將發現的價值最大化。**

我們還要再尋找其他相關資訊，直到洞見浮出水面。更深入調查後發現，在加拿大和捷克（The Czech Republic）這樣冰球盛行的國家，冰球少年隊每年都會招募新隊員，而冰球少年隊是國家冰球明星的搖籃。少年隊招生篩選的前提條件，就是年齡達標（例如九歲）且在一月一日前出生。這是提煉洞見需要的第二個表象。

第五步：推演並提煉洞見

帶著兩個表象（資料點），我們來推演並萃取洞見。

表象一：加拿大和捷克的冰球明星六〇%左右，都是在一月到四月出生。

表象二：兩國冰球隊的篩選前提，都是按照固定年齡，並要求出生日期在一月一日前。

這一推演過程有點像解答應用題，我們可借用圖表等輔助工具來梳理思路（見下頁圖3-1）。

圖 3-1 **推演過程**

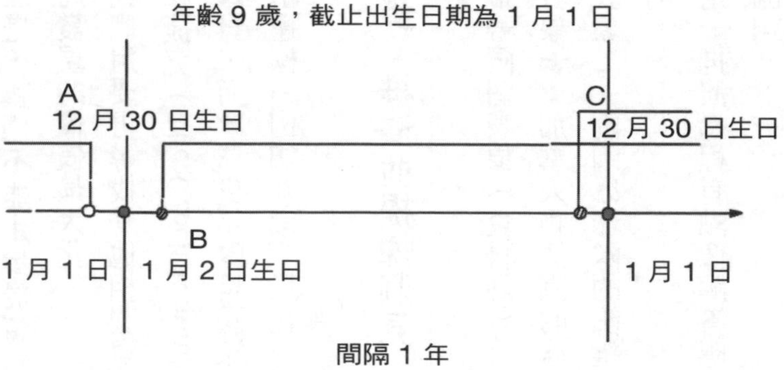

用已知的條件來製圖：先繪製一條時間線，並標出少年冰球隊每年招生的截止出生日期為一月一日。如圖3-1所示，如果有三個孩子A、B和C，都符合當年少年冰球隊的招募要求（如冰球基本功、身體素質等），我們來考察一下他們年齡和生日是否符合規定。

在第一年篩選時，A和B都是九歲，同時來報名（C還沒到九歲）。A的生日是十二月三十日，B的生日是一月二日，因此A順利進入第一屆培養計畫。B的生日雖然與A只差三天，但是一月二日過了截止出生日期，不符合標準，因此B要等到第二年入隊。

第二年篩選時，B重新申請，其年齡

依然是九歲且生日要求合格，因此也加入了少年隊。C的生日是十二月三十日，也合格。B和C成為少年隊同屆隊友。不難發現，B的年齡其實與同屆的C幾乎相差了一年！年齡的優勢會表現在身體發育等多個方面，增加後期比賽的勝算。

那麼，洞見是什麼？用比較規範的語言描述：

「在人類生理和心理高速成長的階段（零歲到十歲），凡以年齡和截止出生日期為篩選標準的場合，生日在截止出生日期後四個月內的孩子，比其他月分出生的孩子在發育方面相對更有優勢。」

一旦洞見被提煉出來，資料展現的極端規律就合情合理了，而且提出的洞見完全可以運用在其他場合。

從雜亂的表象中尋找和萃取洞見，是我們為企業提供的最重要的增值服務，也是職場中區分平凡、優秀和卓越的重要標準。作為工作者，我們不能止步於資料和資料規律的發現和描述，要打開大腦，利用洞見提煉五步法來找出新觀點。

擁有洞見的商務溝通，才是真正有了靈魂和必要性。

第四章

用點線大綱講故事

1. 金字塔原理，在麥肯錫很少被提及

在商務場合，每個人都希望自己能寫出一份邏輯嚴謹、條理清晰、表達得體，視覺效果好、有料又有趣的專業講稿，從而在競爭中脫穎而出；但專業的文書無法一蹴可幾，需要在日常工作中慢慢累積，並且從各方面去提升能力。

其中，最重要的就是思考能力。

文書就像冰山露出水面的一角，是呈現我們的思考和表達的最終成果，也是深刻思考與溝通設計的結晶；而思考則是隱藏在水面下的冰山，儘管對聽眾來說，它的能見度低，但作為溝通的基礎卻不可或缺。

而且，在思考過程中，往往需要大量的調查研究和論證工作[1]。更多相關細節，各位可參考我的上一本著作《麥肯錫結構化戰略思維》，此處不再贅述。

但是，只有思考並生成洞見還不夠，因為**溝通不只是把洞見累加起來**。

在想清楚的基礎上說明白，需要全新的原則和技巧，包括建立結構、推敲用

字、將洞見和數據資料視覺化，以及解說時運用現場簡報的各種技巧等。

商務溝通的原則和技巧需要反覆練習，這也是本書一直強調的重點。

前面介紹了麥肯錫溝通3S原則的戰略，從本章開始，我們將介紹**結構（structure）**。

對於商務溝通來說，嚴謹的結構之所以不可或缺，是因為其複雜程度遠高於日常溝通，這使人們對商務溝通有更高的要求。再加上，後者通常涉及紛瑣的背景訊息、雜亂的問題現狀、不同對策的利弊比較等，這往往讓我們不知從何著手。

然而，結構卻能幫助我們跳出繁雜的溝通細節，用大局思維檢視過程，在時間壓力下抓大放小，產出聚焦而有料的內容。

一提到文書的結構，很多人自然會想到麥肯錫敘事結構的經典框架：金字塔原理。自二十世紀九〇年代初問世至今，麥肯錫聘所第一位女性諮詢顧問芭芭拉·明托（Barbara Minto）的**金字塔原理**（見下頁圖4-1），**一直被奉為文書工作的黃金法則**。

1 指新麥肯錫五步法的前四步：定義問題、結構化分析、提出假設和驗證假設。

圖 4-1　金字塔原理

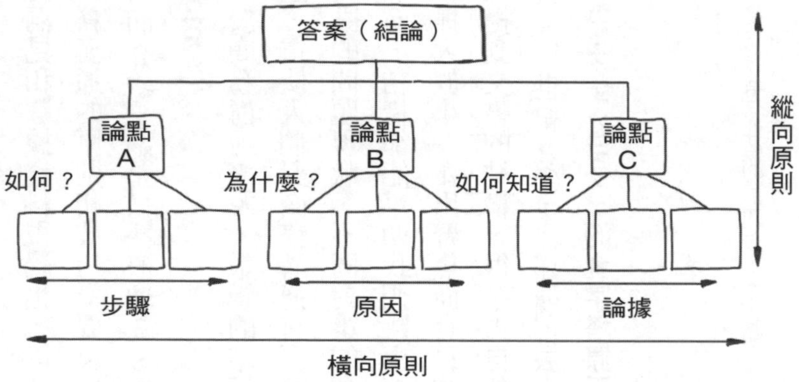

金字塔原理簡單、易懂、具體，強調先總後分（按：指先提出中心論點，然後分層予以具體敘述、說明）的塔狀結構，從縱、橫兩大邏輯關係，闡述各模組之間的關係。

「條理清晰的文章，多半採用金字塔結構。在金字塔結構中，各種思想之間只有幾種合乎邏輯的方式（縱向關係與橫向關係[2]），因此我們可以總結出幾項通用原則。

要條理清晰的表達，關鍵在於，在開始撰寫文章前，我們要先以金字塔的原則架構思想，然後仔細檢查其中的邏輯關係，如此才能依照明確的程序，把金字塔結構的思想轉化成讀者或聽眾可以很快理解的文字。」

——《金字塔原理》（*The Pyramid Principle*）

其實，類似金字塔的這種總分式結構並非重大發現，而是商業寫作的一種基礎常識。

作為考試老手，我們很早就開始使用類似的寫作原則了。例如，國文老師在輔導學生寫作文時，就經常強調要先寫大綱。為什麼？

寫大綱是為了有明確的中心論點；然後用三到四個觀點支持中心論點；再以每個細分觀點為起點，寫出下一層的觀點或提供支持的論據。如此反覆，就會生成層級鮮明的樹狀大綱。

換句話說，**金字塔更適合回答單一問題**。面對單一問題，例如投資與否，可以先拋出一個明確的觀點「我支持投資」，然後從三個方面來闡述理由；再將各論述的下一層細分，從而形成多層的塔狀結構。

2 縱向關係，指結論和證據；橫向關係，則為涵蓋所有問題範圍的證據或方法。

然而，**職場上的溝通往往不只是回答單一問題**，其複雜性使得人們必須在溝通中，就把前因後果等都想清楚，其本質更接近講個令人信服的故事。完整的故事需要什麼樣的模式？各模式之間的關係和詳略如何？金字塔並沒有給出更深入的指引，因此我們需要金字塔之外、與敘事相關的方法論來補充。

而且，商務文書中用來講故事的技巧，在功能上有很大差異，我們需要區別不同的敘述邏輯和技巧。例如，在開頭先提到「為什麼要做這個項目」，就會偏重問題描述，需要SCP＋I（Structure-Conduct-Performance Model；請見第一六二頁）和SCR的敘述結構模型來指引（按：請見第三〇八頁）。再例如，「為什麼我們能贏」就會偏重競品比較，溝通時需要多維度分析和呈現；而在檢視專案的投入成本時，則會偏重計算和規畫等。

作為經典理論，金字塔原理為商務溝通奠定了結構化的基礎，但由於其通識屬性，在麥肯錫內部很少被提及。**作為金字塔的補充和增強，這裡介紹麥肯錫結構化商務溝通常用的實戰工具——故事線及點線大綱**。

2. 3W2H分析法，這樣講故事人人愛聽

麥肯錫最常應用的結構化溝通工具，非故事線莫屬。

在當今投融資的語境下，講故事通常帶有一絲貶義，有些人甚至會認為兩者無法兼得，會講故事的人，其業務能力相對就不好。

這是極大的誤解，講故事與實力非但不衝突，反而是相輔相成、可加乘的兩種技能。有實力的人，也可以是個故事高手；但，缺少講故事能力的人，經常會表現失常，這將對獲取資源、團隊合作造成阻礙，嚴重影響事業發展。

溝通事關重大，講者要在短時間內，說服決策者做出有利的判斷。

在高階商務場合中，決策者有時沒有餘裕全面調查，僅根據故事陳述就要做出重大決策（如投資建設工程）。

在這種高壓下，決策者不僅需要基礎資訊，還要了解可用於決策、更深入的實用資訊，如市場需求、產品背後的理念、商業邏輯、資源要求等，甚至包括「識

人」，即對團隊理念、誠信及目前狀態的評估。

換句話說，對於高階商務溝通來說，只有目標夠明確，你才能講述出令人信服的故事。

- **融資簡報：**
為了得到融資，核心團隊成員向投資人講述公司的未來計畫。
- **股東會：**
為了通過審批，投資經理向投資委員會講述被投資企業未來的計畫。
- **績效報告：**
為了升職加薪，員工向主管講述自己為公司創造價值的故事。
- **覆盤研討：**
為了擴大成功規模，負責人向同事講述專案的故事。

令人信服的故事始於優秀的故事梗概，而故事線就是高階商務溝通的故事梗概，由故事核心要素串聯而成。

在麥肯錫戰略專案中，我經常聽到主管合夥人對團隊成員說：「把某專案的故事線傳給我看一下」或「發一下點線大綱」。

這時，主管關注的其實是負責人能否掌握專案的整體思路，以及目前的進展，而故事線作為最終彙報故事的梗概，包含了當下的關鍵洞見及未被驗證的假設，因此能充分體現戰略專案的進展。

與金字塔原理重視結構形式不同，**故事線重視敘述中各個故事必備元素的內容及元素之間的邏輯關聯**。

而故事線中最常見的形式，是5W2H分析法（又叫七合分析法）。七合分析法將故事的元素分為七個問題，包括：為什麼（Why）、做什麼（What）、由誰做（Who）、何時做（When）、在哪裡做（Where）、如何做（How）、成本是多少（How much）；從上述七個問題，全面的概述了商務溝通的內容主題。

七合分析法又可簡化為3W2H（見下頁圖4-2）：從邏輯上來說，何時做（When）、在哪裡做（Where）是如何做（How）的細節，可以包含在如何做（How）裡。

因此，七合分析法的5W2H還可以再進一步簡化成3W2H：為什麼

圖 4-2 故事線的構成

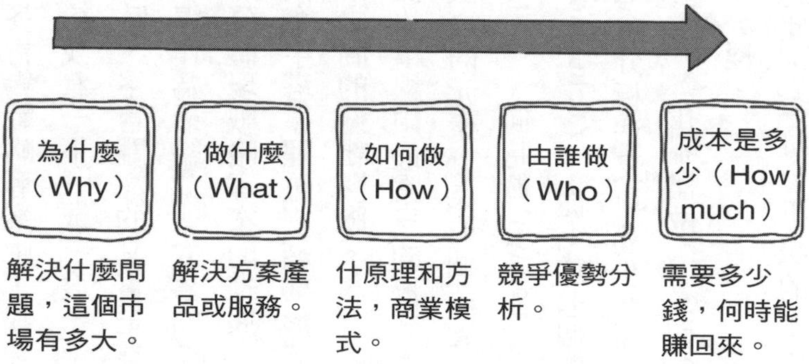

（Why）、做什麼（What）、如何做（How）、由誰做（Who）、成本是多少（How much）。

3W2H分析法看似簡單，卻包含了文書應該包括的所有核心元素。雖然根據不同場景和上下文，可以弱化甚至忽略其中的某些元素，前後順序也可以變化，但這五元素同時也符合MECE原則，可說是準備報告最扎實的起點。

以下我將以企業商業計畫書（Business Plan，簡稱BP）為例，為大家示範一下3W2H的基礎。

為了方便大家理解，這裡以音樂節為例，讓我們一起試著構思虛擬的藍莓文化節商業計畫。

元素一：為什麼

首先，要回答「為什麼」，該元素經常被放在報告的開頭。也就是，我們必須先思考：市場上還有什麼需求沒有被滿足？

成功商業計畫書的第一頁，不是在說「這個世界缺少什麼」，就是在描述為什麼。試想，如果世界上的所有需求都被滿足了，那麼我們要介紹的產品和服務還有存在的意義嗎？所以，我們要詳細的講述這項尚需求帶來了多大的衝擊，以及潛在市場有多大。只有市場夠大，才能激起投資人的興趣。

此外，開頭的描述也要具體，絕不能泛泛而談，例如：不是要解決戰爭和飢餓這類問題，而是要去抓具體人群（用戶畫像）、具體的痛點（未被滿足的需求）。

如果描述太宏觀，而沒有陳述消費者的具體痛點，那麼聽眾就會質疑。例如，「隨著鼓勵生育政策的落實，奶粉需求也會提升」、「隨著電車充電基礎設施的普及，國內電動汽車的需求將大幅度提升」，廠商們直接介紹自己的產品，言外之意是產業好，所以自己的產品一定也賣得好。

但從投資人的角度來看，這個邏輯有很大的漏洞。投資人或許會同意你，但也會質疑整體產業趨勢與產品之間的關係。

比方說，奶粉和新能源車的增長，並不代表每家公司都會成功。在現實中，熱門的產業往往意味著更激烈、更殘酷的競爭，很多企業會在競爭中被淘汰，所以對於「為什麼」，我們必須回答更細節的問題：**公司的核心目標客群是誰、這些消費者的痛點具體是什麼、這個市場細分（Segmentation）到底有多大等。**

示範一：我們為什麼需要新的音樂節？

在都市，現代年輕人已是音樂節的消費主力，而且擁有多樣化的需求，例如偏好主流、多元化、大規模、綜合性的音樂節。除此之外，他們還希望能融合動漫、電子競技、極限運動等跨界元素，也就是綜合性的文化節。但現在的市場卻仍以單一音樂類型為主，如民謠或電子音樂。

而據統計，綜合性文化節正處於萌芽期，全國市場規模未來預計將於二〇二三年達到十億元[3]。

由此可見，市場正需要全新、可滿足年輕消費者需求的綜合性文化節。

元素二：做什麼

為了回答「為什麼」，我們需要元素二的「做什麼」，也就是描述產品或服務，包括對產品或服務的定義、形態、特色和組成等。

文書報告中，「為什麼」與「做什麼」是一種問答邏輯。有時為了確保兩者相呼應，很多人會從「做什麼」的部分開始分析，並根據產品特性倒推需求。但這是錯誤的做法，在初創企業中尤為常見。講者有時為了強調市場大小的絕對數值，總是會刻意的把餅畫大，但若談到「做什麼」，其產品和服務卻不夠力，與產業需求搭不起來。這種落差會嚴重影響商務溝通的可信度，因此要盡量避免。

3 此數據資料僅為示範，不代表真實市場資料，不作為投資參考。

示範二：該用什麼來滿足年輕人對音樂節的獨特需求？

針對年輕人對於主流、多元化、大規模、綜合性音樂節的需求，我們設計了為期兩天、露天實體的藍莓嘉年華大型文化節。在音樂方面，我們邀請了主流流行音樂明星，以及搖滾、說唱等領域的歌星，同時加入影視動漫、電子競技、極限運動、汽車文化、年輕潮流等元素。

元素三：如何做

這裡要介紹產品或服務如何滿足市場需求，並回答一系列的細節問題：產品的原理是什麼、應用了哪些先進科技、其營運模式是什麼、是什麼樣的商業模式（包括與客戶和上下游關係）、有什麼特色等。

但「如何做」並不是產品的使用說明，而是站在投資人或執行長的視角，介紹大盤生意有哪些特色。例如：**針對產品的研發、生產、銷售和售後服務，任何一環的特色，詳細闡述其獨特性。**

以商業計畫書來說，投資人對所投資的行業往往瞭若指掌，因此在描述如何做時，講者可以**根據對方的背景帶過基礎知識，詳細闡述行業的困境及自身特色**。

以奶粉為例，奶源供給端的品質往往難以掌控，因此投資人大都十分關注企業如何確保奶源品質。在這種情況下，奶粉製造商就絕對不能閃爍其詞。

以科技創新為特色的公司則要注意，擁有高度尖端科技並不代表可持續這股競爭優勢，商業計畫書中的「如何做」，仍要強調科技商業化的成熟度。

因為新科技從研發到進入市場，是一個很漫長的過程：我們耳熟能詳的超導體（Superconductor，指可以在特定溫度以下，呈現電阻為零的導體）、奈米（Nanometer）、AI、虛擬實境（virtual reality，簡稱VR）等科技，從實驗室研發到產品化，都經歷了十年以上的時間。在「早一步就成先烈，早半步就成先驅」的市場中，商業計畫書只強調科技的領先和獨家，有博士、院士背書遠遠不夠，甚至是高風險的。

投資人會更關注科技的商業化能力，即科技轉化成利潤的能力。也就是，科技只是起點，產品及企業要想取得商業上的成功，還要考慮許多其他關鍵要素，如產品設計、製造、市場和行銷以及上下游關係等，因此我們最好要客觀的看待科技優勢，不宜過度強調。

示範三：藍莓嘉年華如何抓住年輕人的心？

藍莓公司即將在臺北舉辦第一屆的藍莓嘉年華，並針對Z世代[4]的多元化、綜合性等獨特需求，將萬人大型戶外場地劃分為五大區：音樂區由兩個音樂舞臺組成，分別是流行音樂、嘻哈及搖滾音樂；電競區為英雄聯盟明星賽事及粉絲互動會；動漫區為動漫扮裝大賽；極限運動區，則會邀請到知名滑板選手表演；生活方式區，則是由品牌方主導，與消費者進行互動。

除此之外，藍莓嘉年華還會聯合指定線上同步直播的合作人選。我們保守估計，每場購票、參與線下活動的人數至少有三萬人，線上直播的播放次數將達兩億次。

大家看出來了嗎？

元素三，是為下一個元素「由誰做」鋪陳。講述自己的獨特做法後，聽眾必然會好奇：「為什麼你能做好，而別人做不好？」

元素四：由誰做

有時，元素四也寫成「為什麼是我們」（Why us），是商業計畫書中最關鍵的元素。主講者必須回答在市場競爭中，企業擁有哪些可持續競爭的優勢：憑什麼這個產品（元素二）會優於其他玩家或潛在的進入者？在激烈的市場競爭中，這些因素能不能讓公司持續獲利？企業內在的核心競爭優勢又是什麼？競爭門檻高不高，其他企業容不容易借鑑或超越？

在商務報告中，元素四是最重要的。因為它回答了投資人最關心的問題：「為什麼投資你們，而不投資別人。」

無論產業、產品還是模式，對初創公司來講，元素三（如何做）有很多機會且

4 Generation Z，簡稱 Gen Z，指一九九七年到二〇一〇年出生的人。

相對容易改變——產業可以聚焦、可以重選，產品和模式也可以逐漸精進，然而元素四卻代表著企業的核心競爭力，亦即不同於其他同業公司的獨特優勢。

團隊、科技、品牌IP（Intellectual Property）、管道、生態[5]等都是其中的關鍵要素，而且往往需要長時間積累而成，因此元素四通常也是投資人最看重的。

此外，競品分析（competitor analysis）也不可或缺。在回答投資人「為什麼要投資你們？」這樣的關鍵問題時，不能只是一味的自賣自誇。

有句話說：「沒有比較，就沒有傷害。」在闡述自己的核心優勢時，我們要把主要競品放在上下文中一起討論並比較，這在便於投資人理解的同時，也會更有說服力。

核心競爭優勢往往不止一個，這時如果能用後面介紹的多維度「殺手圖表」（第七章），透過視覺清晰的呈現多個優勢，會顯得更深刻、專業。

示範四：為什麼藍莓公司可以做好Z世代的文化節？

不同於打造傳統音樂節的公司，藍莓公司除了具有獨特的生態優勢和豐富的業務經驗（收入）等特色，我們的大股東「果味文化」，也是娛樂產業的龍頭企業，橫跨藝人經紀、影視、電競、體育和媒體等各個領域。旗下眾多的主流藝人及電競戰隊中各聯盟明星隊員，都能為藍莓文化節提供支援。

此外，藍莓文化節的收入來源也比傳統音樂節更為豐富：除了實體門票收入，線上直播、品牌贊助、周邊商品等都能帶來可觀的收入。而且，藍莓團隊皆為行業熟手，經驗豐富。

元素五：成本是多少

商業計畫書終歸是要談錢的。公司目前需要多少投資？這些錢會帶來怎樣的收益？這就引出了故事線的元素五：「成本是多少」。

投資是為了獲得超出預期的收益，因此**精明的投資者會計算短期、中期和**

5 商業生態系（business ecosystem），指產業競爭應從傳統供應鏈橫跨到其他領域，創造更大價值。目前生態系大致分成三種類型：平臺型、解決方案型、價值核心型。

圖 4-3　冰球杆現象

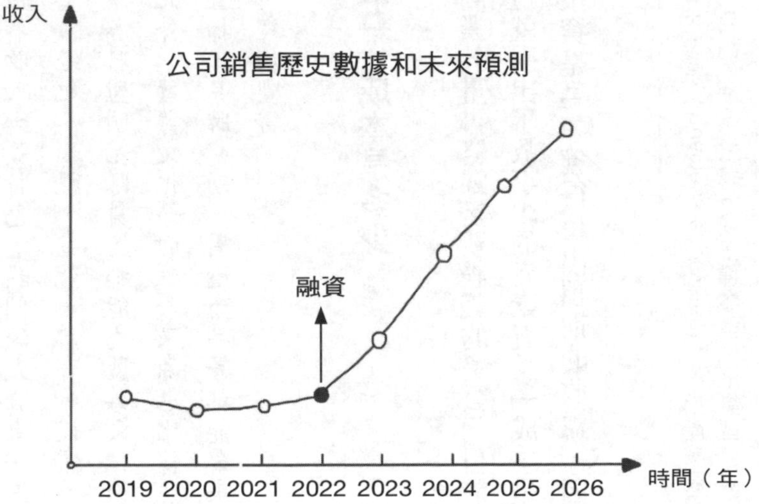

長期的投資報酬率（Return On Investment，簡稱ROI，指投資獲利相對投入成本的比值），仔細審視過往和未來的財務模型，仔細盤算何時可以獲得最大化的收益。

公司的營收和淨利能否增長，企業和投資人必須算清楚，所以我們要用合理的假設展示公司的未來發展。

然而實戰中，很多人為了提高融資勝算往往會誇大預期，但粉飾未來的結果，這就使預測的資料出現「冰球杆」（hocky stick）現象：過去的歷史業績是一條近乎持平的直線，從融資這個時間點開始，未來銷售額和淨利的預測數值卻像一飛沖天的火箭，讓折線呈冰球杆的形狀。如上頁圖4-3所示，二〇二二年是融資時間點，但現實卻不如預期中的樂觀。

「冰球杆」氾濫的結果，就是成熟的投資人基於禮貌笑一笑，然後對你的報告視而不見或嚴重減分。一旦發生這種狀況，銷售預測便失去了原本應有的價值，還不如不寫。

雖然這代表團隊對公司未來有信心，聽眾也允許預測存在部分誤差或是較為樂觀，但**預測仍然必須尊重資料和邏輯，建立在堅實的前提假設基礎之上**。

這類銷售的預測，大都以自下而上的方式來拆分。例如，以最近一年的收入為基準，按業務類型將之拆分成B2B（Business to Business）、B2C（Business to Consumer）兩部分：預測未來B2B及B2C各自的增長數值，再匯總成整體銷售額的增長率；或者是按照產品線，將個別的增長數值匯總成總增長率。

核心業務則必須拆分到更下一層，例如B2B可進一步拆分成已有客戶增長率、新客戶增長率及占比等。

非融資類報告，例如建議書或專案檢討，也不能忽視投入的成本，雖然這些計畫書的要求沒那麼嚴格，但管理層也會關注專案成果，與各種資源需求或消耗之間的關係，這也是評判成功與否的關鍵標準之一。

示範五：為什麼投資藍莓公司是聰明的決策？

藍莓公司按投後[6]一億元的估值，A輪計畫融資的一千萬元，預測三年後估值將達十億元。我們也預測第一年戰略性虧損後，在第二年基本上能實現持平或稍有盈利，第三年實現五億元的收入並提高盈利能力（詳見收入預測部分[7]）。

按目前的計畫，藍莓文化節將在二〇二四年舉辦第一場，二〇二五年在臺北、桃園、高雄共舉辦三場；到了二〇二六年，更預計推廣至十個城市，共舉辦十場。藍莓文化節的收入來源，主要為門票、線上直播、品牌贊助、周邊商品等，在果味大股東的支持下，成本端也將遠低於業界平均水準。

6 指投資業務發生後，項目管理單位即要將其納入投後管理工作；這裡指的是估值。
7 虛擬案例無預測細節。

圖 4-4　**依文書類型，調整3W2H的順序**

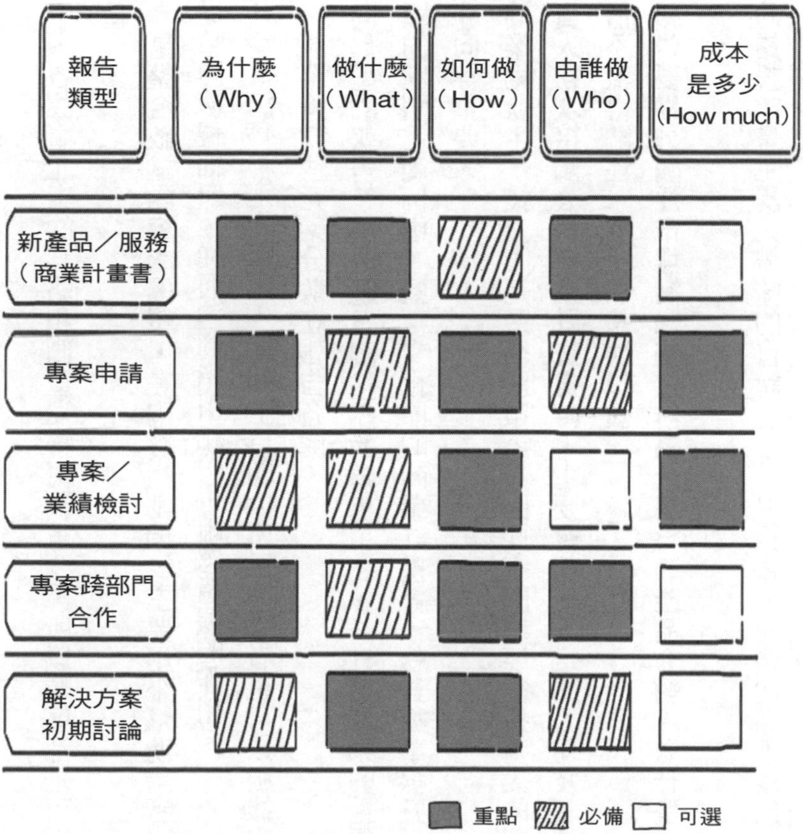

在實戰中，各故事元素的詳略和側重安排更為重要，所以順序都是可以彈性調整的。

元素五，是整合敘述內容的邏輯，在內容初創期，主要用來幫助講者不被細節所局限，能從整體檢視細節，從而達到指引和防止疏忽遺漏的作用。

3W2H分析法有一定的順序，但如上頁圖4-4所示，講者也可以根據客戶的具體需求重組，甚至將某些元素分散在報告各處。

對於不同類型的報告，由於聽眾關注點的差異，3W2H各元素的重要性和安排也會有明顯的區別。範例中，藍莓文化節的商業計畫書，就對故事線五元素各有要求，而並非同等重要。

在高階商業場合中，投資人是最終決策者，因此主講者要從投資人的視角來安排溝通。**投資人初次接觸公司商業計畫書時**，主要會判斷：這間公司及其產品到底能否信任、值不值得關注、要不要參與投資。

因此，**報告要格外關注市場需求描述（為什麼）**、**產品介紹（做什麼）和優勢分析（由誰做）**。

最常見的錯誤，是主講人一味的自說自話，對投資人的關注點不敏感，例如分享太多公司財務壓力之類的創業艱辛等，結果往往適得其反。

趨利的資本不喜歡雪中送炭，投資人需要聽到你如何能持久的賺錢。

接下來，我們再來看跨部門合作。

當專案需要跨部門合作時，由於部門之間沒有上下級隸屬關係，講者要從便於對方理解的角度調整內容。

一般來說，跨部門合作溝通的核心，通常必須涵蓋其他部門為什麼要合作、合作方式，然後再針對「為什麼」和「如何做」闡述重點：為什麼要跨部門，這裡最好拉到公司的高度；而怎麼做，則需要詳細解釋跨部門各方合作的具體內容、時間點和衡量標準等。

其他常用的文書，如建議書、專案檢討、方案討論等，都應從聽眾或決策方的視角闡述，並根據關注點調整3W2H分析法的順序。

3W2H雖然是複雜商務文書的經典結構，但不是唯一的方法。其他常用故事線結構各有長處，有的適用於簡單而直接的溝通，有的適合特定場合。

其他故事線框架，我會在第九章中更詳盡的講述，包括SCR框架，還有簡單易懂的W－S－N模型等。

3. 用點線大綱呈現的簡報範例

在麥肯錫，點線大綱和故事線，都是用來整理戰略文書的脈絡。差別只在於：點線大綱強調呈現形式（見下頁圖4-5），故事線則強調敘述功能。

顧名思義，點線大綱由點和線組成。點，用來表現主要觀點，線是點下面支撐主要觀點的分論點或論據。更確切的說，點線大綱是平面化的金字塔結構（見下頁圖4-6）：把金字塔每一層扁平化，然後自上而下連在一起，就會變成點線大綱。

相對於金字塔形式，點線大綱的優勢是用法簡單、更便於純文字溝通，因此成為麥肯錫故事線的首選工具。

點線大綱的最大好處是，用點和線表示邏輯的層級關係，能避免因畫金字塔結構而浪費精力，同時也可以降低故事線的製作成本。

總的來說，點線結構只有文字，用於電子郵件及短訊息溝通十分便利。但金字

圖 4-5　簡報版本的點線大綱

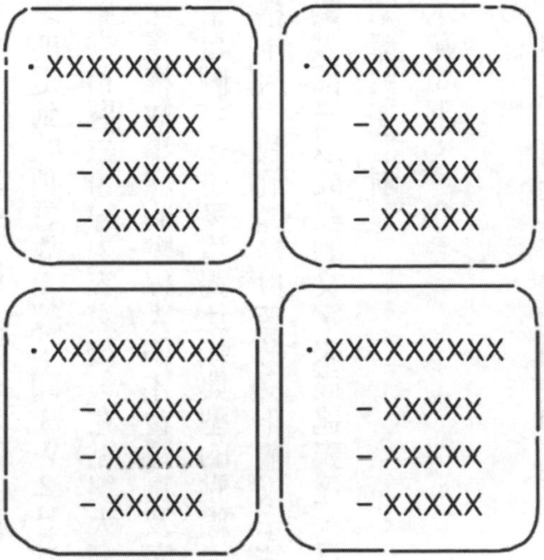

圖 4-6　將金字塔轉化成點線結構

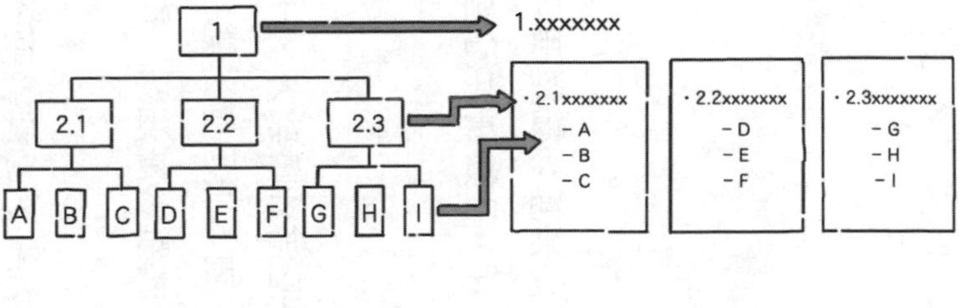

塔在傳送電子郵件時，往往因為需要轉化成圖片，稍不注意就會因字元錯位而無法閱讀。

除此之外，點線大綱還可以承載多層完整的故事線，表現更多結構上的拆分。之前提到的頂層故事線，即3W2H分析法，是點線大綱的第一層。

確立頂層故事線內容之後，在點線大綱第一層之下，大都會添加兩到三層級的細節，這樣故事線的點線大綱才會豐富及完整。

下頁圖4-7，是麥肯錫比較典型的點線大綱。

接下來，我們還是以藍莓文化節來示範。前面提到的故事線中，3W2H的每個元素大都是以成段的文字來描述表達，這裡我們可以用點線大綱來改寫，讓整個敘述結構更加清晰。

示範如下：

1.現狀：傳統線下音樂節狀態低迷，大多數公司虧損。

・傳統音樂節虧損或僅獲微利。

・線下形式單一，對新生代缺少吸引力。

圖 4-7　點線大綱組成的文書結構

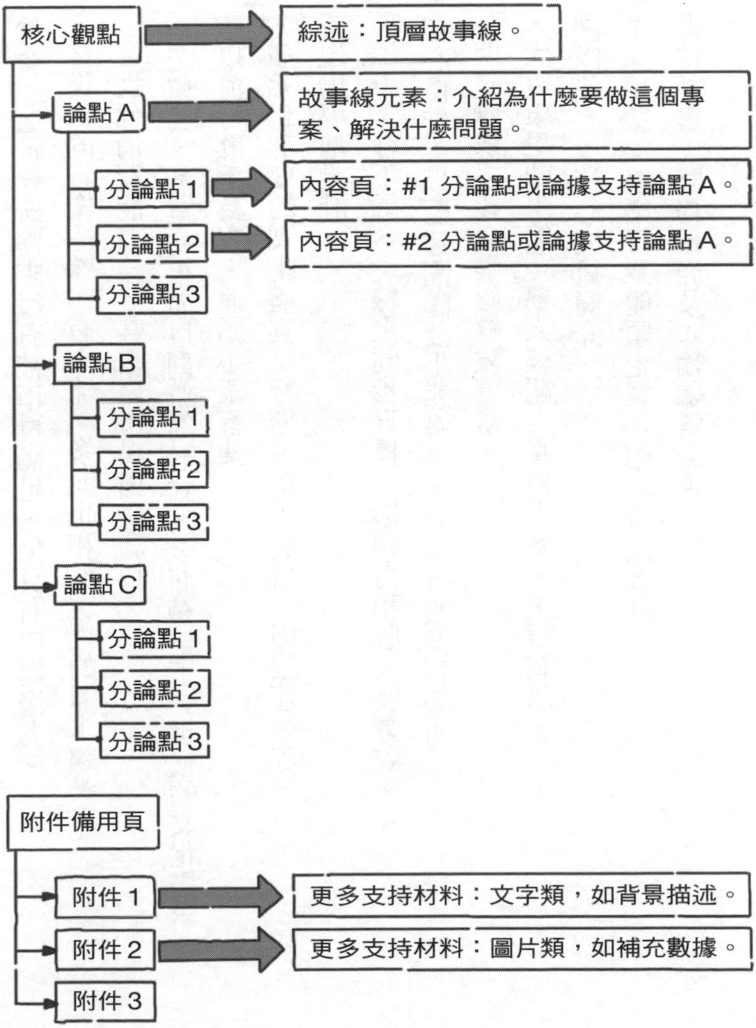

2. 機會：Z世代新需求沒有被市場滿足，仍具有市場潛力。
- Z世代的音樂品味，有主流、多元化和綜合性的需求趨勢。
- Z世代消費能力強，其未來市場備受矚目。

3. 全新模式：藍莓文化節以創新的形式，全面滿足了Z世代的文化需求。
- 以流行歌手為主，兼顧小眾音樂。
- 多元化形式的文化盛宴：音樂、電子競技、極限運動等。
- 現場場地設計。
- 線上、線下融合：線上同步直播，影響力和收入雙豐收。

4. 核心優勢：以藍莓團隊及生態優勢，力保持續獲利成功。
- 明星團隊：核心團隊經驗豐富。
- 大股東果味生態：藝人經紀、直播平臺、電競戰隊。

5. 團隊簡介：核心成員簡介。

6. 果味生態：娛樂行業龍頭企業，相關資源豐富。

7. 融資計畫：財務預測及A輪融資需求。

上面的點線大綱突破了3W2H的形式，適當的調整了商業計畫書的敘述。如果用3W2H來分析，我們會發現這版本的結構並沒有與3W2H一一對應，而是把各元素分散在不同的點線元素裡：「為什麼」在第一到第二點；「做什麼」和「如何做」在第三點；「由誰做」在第四到第六點；「成本是多少」在第七點。

點線大綱讀到最後，就是一個完善的報告。即使只有點和一層線深度的點線大綱初稿，上述形式也已經給出了比計畫書更清晰的整體敘事脈絡，能激發團隊成員間更有價值的討論。

例如，這份大綱從投資人視角看，元素二（做什麼）的占比有些失衡，可以考慮進一步拓展；針對Z世代的全新文化節是聽眾所關注的，但「做什麼」和「如何做」目前卻只有提到一點，因此很難深入探討。這裡不妨再加一些細節，如場地設計、行銷方案、明星組合等，讓整個描述生動起來。

在初級版本的基礎上，我們還可以討論下一層的細節，或是增加一到兩層結構並列出更多具體的細節。

例如，關鍵字多元化和線上、線下融合，能否展開下一層；多元化內容之間如何互動、如何跟音樂混搭；線上、線下融合，如果不僅是簡單的直播，而是一個線上和現場互動的新模式，則還需要補充更多的細節等。

這種有建設性的討論（麥肯錫內部稱之為PS〔problem solve〕，指頭腦風暴）可以不斷提升點線大綱的品質。

至於**深入討論，在麥肯錫大都一天一次、甚至一天兩次**，所以初期不成熟的點線大綱，便能藉由快速反覆的討論，打下堅實的基礎。而借助故事線、點線大綱進行頻繁的討論，也能確保我們在時間壓力下，依然能按時完成專業的文書。

綜合以上，以點線大綱為形式的故事線，屬於麥肯錫3S原則中的結構部分，在商務溝通敘述中，是最頂層的應用。根據3S原則，結構應依照戰略而制定。

除了本章介紹的文書類型（如商業計畫書、檢討報告），還有溝通戰略等其他要素，如前文提到的目的、時間、物理空間、聽眾的習慣和意願等。反覆斟酌各戰略要素之後，我們才能選擇或創造更適合特定場合的故事線結構。

整體故事線確定之後，我們就能開始聚焦在每一頁的簡報。

第三部

寫作篇

第五章

麥肯錫不外流的簡報技巧

每張簡報都是空白的畫布；你宛如一個躊躇滿志的藝術家，手拿虛擬的畫筆在電腦前閉目深思，即將完成最新、最美的簡報——這其實是你的想像。

簡報並不是創造力爆棚的藝術創作，你完全不需要給自己太大的壓力，也不一定要多有創意。作為商務溝通的常用工具，簡報其實有很明確的製作要求和規則，我們只要學習、嚴格遵守規則並反覆訓練，就能製作出專業文書，從容不迫的完成溝通任務。

本章將有系統的介紹基礎的簡報技巧。當我們掌握簡報技巧後，自然就能揭開戰略諮詢的神祕面紗：其實，即使是以簡報為生的麥肯錫諮詢師，也只是「熟能生巧」的文書製作匠人。

作為一種視覺呈現，簡報也與繪畫有共通之處，都講究結構的均衡。第四章介紹的故事線，主要幫助我們構建簡報的結構，而本章將著重介紹每頁簡報的內文頁設計。

單一簡報，僅包含一個圖表、表格和相關敘述。以版面來說，因為標題和粗線條劃分的設計，就可以滿足單一簡報的要求，因此不需要再將單頁劃分為更小單元。而為了符合讀者的閱讀習慣，我們通常會把圖表或表格放在畫面的正中央等。

大多數的簡報內容是複雜多樣的，要表達的核心主張通常由多個描述或判斷、甚至多個視角組成，因此往往也需要附上多個圖表或表格。面對如此複雜的內容，初學者常常會直接把資訊堆砌在頁面上，希望讀者能猜到自己的思路，找到相關數據和邏輯。然而，讀者經常會因此迷茫，然後判定主講者不精通、不專業。

POINT

每個內文頁，只講一個故事。如果有兩個或兩個以上的主題，最好將內容分為多頁。

當我們的論點比較複雜時，在簡報版面，我們需要像使用黏合劑一樣，用構圖工具把各部分內容凝聚成一個整體。「構圖元素」（按：例如 SmartArt 圖形），就是用於連接簡報內容的視覺框架。它多以文字方塊類圖形的形式，像指示牌一樣指引或提示讀者如何閱讀內容。**常用的構圖元素，包括並行、遞進、流程、篩選、總分式和複合式六大類。**

POINT 動手做簡報之前，要反覆問自己：如果讀者打開將要成稿的簡報，會得到什麼樣的中心觀點？在講者缺席時，簡報內容能否引導讀者看到洞見或觀點？

構圖一：並行

並行圖的應用最為普遍。我們經常用幾個並列的論據支持論點，或者按照子目錄列舉法，將觀點切分成數個並行的名詞（下頁圖5-1）。

例如，「A公司是家優秀的企業」，這個觀點可以拆分成三個不同的面向：財務指標、科技先進性和社會貢獻。並行圖可用來將三個並列的要素，排版在單一頁面中。

如圖5-1所示，並行圖將內容劃分成三個部分，使每個觀點都有獨立的闡述空間。重複的簡單文字方塊，不僅將本無結構的頁面劃分出涇渭分明的設計，更增加了條理層次及專業感。

圖 5-1　並行圖示範

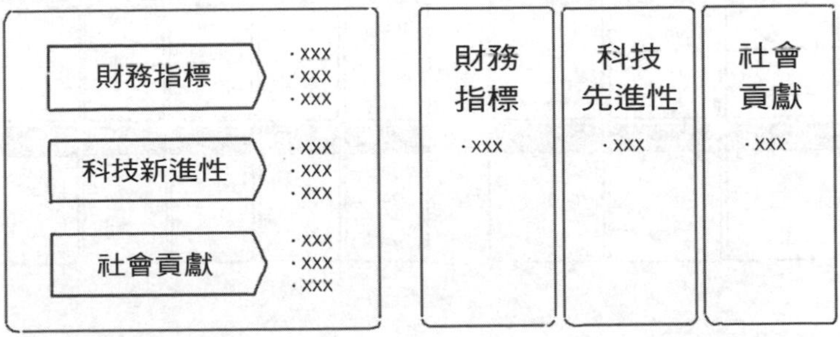

並行圖以方形文字方塊為主，但也可以是其他形狀（如旁邊的五邊形）。由於每個元素大都是同一層級的，文字框在外形尺寸上通常要保持一致。

每頁並行圖的數量沒有嚴格限定。通常，並行圖多用於顯示資料組，例如呈現各縣市行政單位的銷售資料時，數量甚至可以超過十宮格（見下頁圖5-2）。

當我們用並行圖將空間劃分成更小單位之後，元素的內容在結構和風格上，也要盡量保持一致。

以各縣市行政單位的銷售資料為例，如果地區的營收變化是十二月分的折線圖（line chart），那麼其他資料就要盡量採取類似的折線圖、相同的計算週期。這樣能讓並行圖整齊

圖 5-2　十宮格

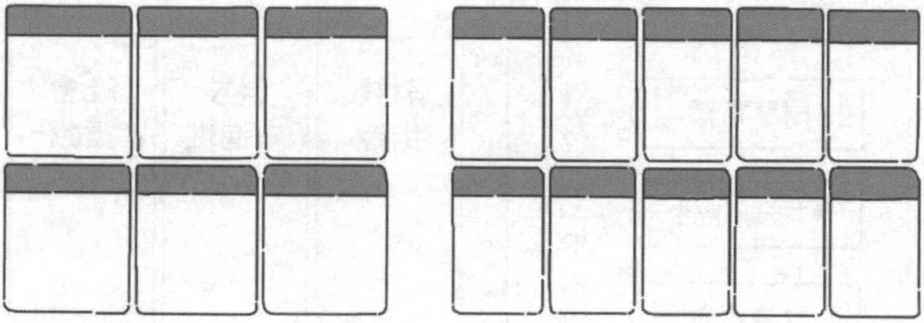

劃一，也容易顯示出資料規律並萃取洞見。

構圖二：遞進

遞進圖也是常用的工具之一。

在單一頁面中，我們經常要展示邏輯遞進（如因果推論〔Causal Inference〕）或時間更迭的順序，遞進圖就可以滿足這種需求。

例如，要用一頁表達：「九五後[1]的音樂品味變化，導致音樂節的需求改變。」此時就可以用遞進圖將頁面劃分成兩個部分。

第一個V形文字方塊（見下頁圖5-3a）闡述目前消費者需求的變化：九五後的音樂品味變化；後面矩形文字方塊則闡述需求變化導致的結果：對音樂節的全新需求。

1 指一九九五年出生的一代人。

圖 5-3　遞進圖

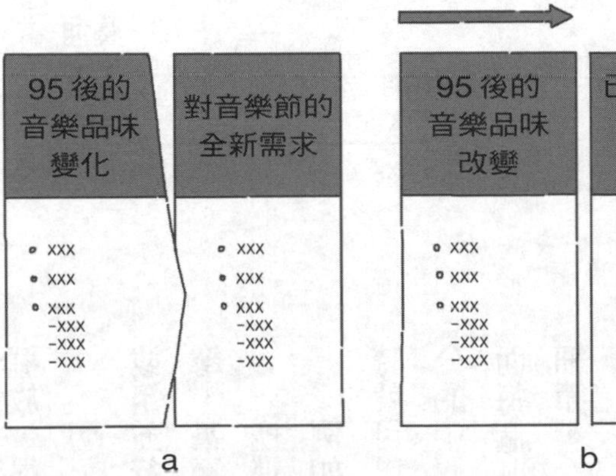

除了V形文字方塊，我們有時也可以**用箭頭（見圖5-3b）代表邏輯上的遞進。**

除了邏輯上的遞進，遞進圖也可以用來表示時間的遞進，如之前和之後。比方說，第一個V形文字方塊可以表示現狀，第二個矩形的文字方塊表示主講者建議的未來狀態。

再例如，左邊標題是「現狀：音樂節多以單一品項為主」，而右邊矩形文字方塊的標題是「未來：藍莓音樂節是多品項主流音樂的盛宴」。然後，我們可以在各自附屬的文字方塊裡描述細節。

這裡要特別注意，遞進和並行圖的細

圖 5-4　**遞進圖：階層圖**

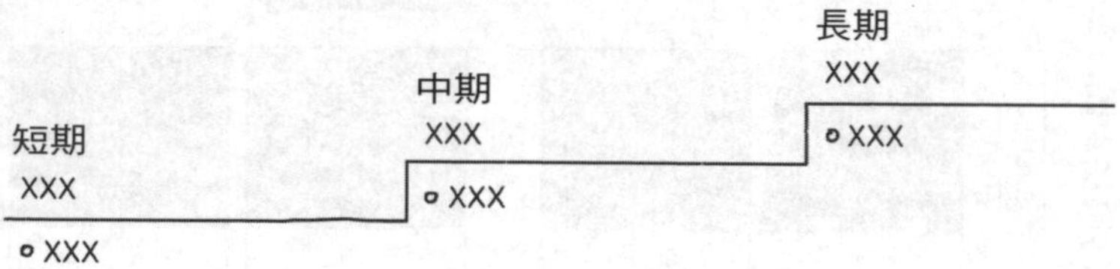

微差別：遞進有V形標線和箭頭，以表示方向；但並行既沒有V形標線、也沒有箭頭，是兩個同樣的形狀並列擺放，很多人經常會搞混這兩種圖。

切記，**當我們用遞進圖描述兩個同一層面的內容，或用並行圖表示遞進關係時，會給聽眾帶來不必要的誤導、甚至造成誤解。**

遞進圖的形態多樣，而且不一定要明示方向。

例如，圖5-4中的階層圖，因為已有方向和層級，此時就可以省略箭頭。短期、中期和長期的目標是每個部分的中心觀點，階梯將PPT分割成三個不同的區域，而每個區域可以用來描述各階段性的目標及拆解出的細節。

表示遞進關係時，同樣要考慮到讀者的閱讀習慣。我們一般習慣的閱讀順序是從左到右、從上到下，所以V形標線和箭頭的方向也要遵循這個原則。**在簡單的線**

性推理遞進關係中，不要用從右向左的逆向元件來表示。

構圖三：流程

與遞進相似，流程圖也能用來表示順序關係，但複雜性較高，其數量及相互關係也更複雜，因此我們這邊只講流程圖。

流程有時間順序，如下頁圖5-5所示，我們把傳統製造公司的產品端到端的過程畫了出來。

每一個流程都是一個V形文字方塊，文字方塊也是依時間順序來排序；在V形文字方塊下方的長方形方塊裡，我們可以輸入各階段的細節。

此外，我們也可以附加其他資訊，增加整個圖表的資訊密度。比方說，用不同長度的V形文字方塊，來表示時間長短。

在下頁圖5-5中，我們可以將其中一個元件（如產品開發）拉長，然後在上沿或下沿標注具體的時間跨度。如果元件由並行或更小的模組組成，我們可以參照下頁圖5-6，靈活的使用V形箭頭（如多個V形或箭頭疊加）。這裡「行業衝擊」的三個

圖 5-5 **流程圖：產品端到端的過程**

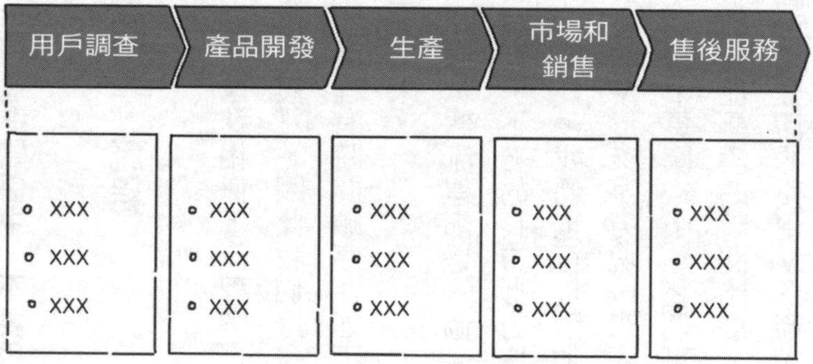

圖 5-6 **SCP＋I 模型**

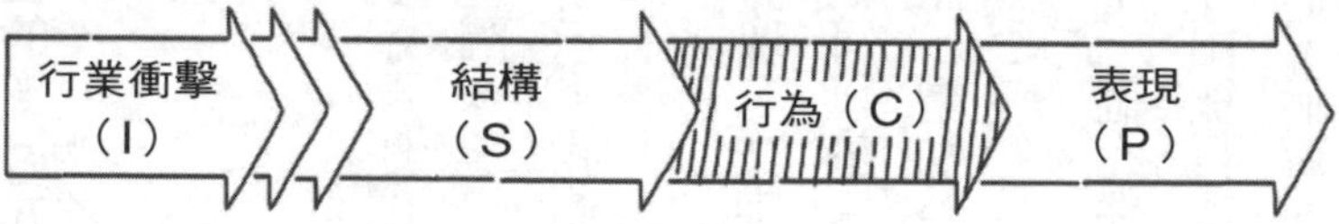

圖 5-7 **簡單的循環和互動圖表**

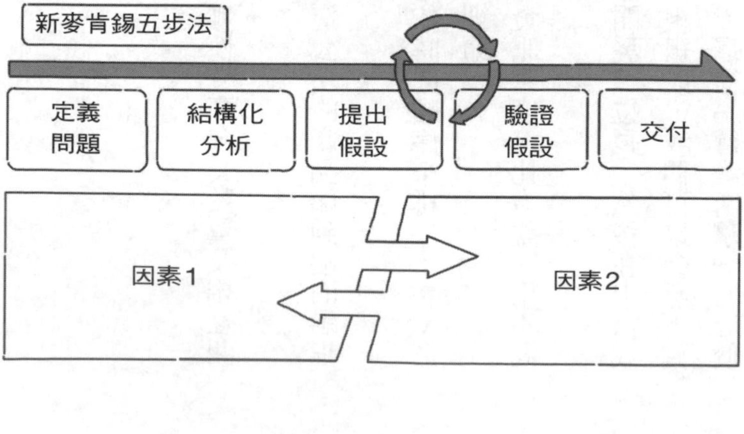

箭頭即代表：多個衝擊會推動產業結構或格局的變化。

流程有不同的結構，「點到點」是最直接的類型。例如上頁圖5-6中的SCP+I模型就是這種點到點的類型；在版面上，一般用單向的箭頭來表示步驟和方向。

循環和互動圖表是相對複雜的流程，設計版面時要標示閉環。最簡化的畫法，就是將兩到三個首尾互連的曲線箭頭，放在兩個位於同一水平線上的模組中間。

例如在新麥肯錫五步法中（上頁圖5-7），提出假設和驗證假設是循環漸進的，這裡用三個箭頭表示循環關係。

更具體的做法是，用微彎的V形文字方塊連接而成的圓環表示循環。在經典的「消費者旅程[2]」（Consumer Journey，或稱顧客旅程）中（見下頁圖5-8），我們可以看到消費者從開始考慮產品，一直到成為鐵粉的決策週期。

「考慮→評估→購買→體驗→轉介紹→成為鐵粉」，構成了流程的第一圈；成為鐵粉後可以再一次經歷購買、體驗、轉介紹等步驟，周而復始的加深鐵粉屬性，從而形成消費者決策的良性循環。

2 指消費者在購買商品時，從購買前到真正下單購買的過程中。

圖 5-8　**消費者決策旅程**

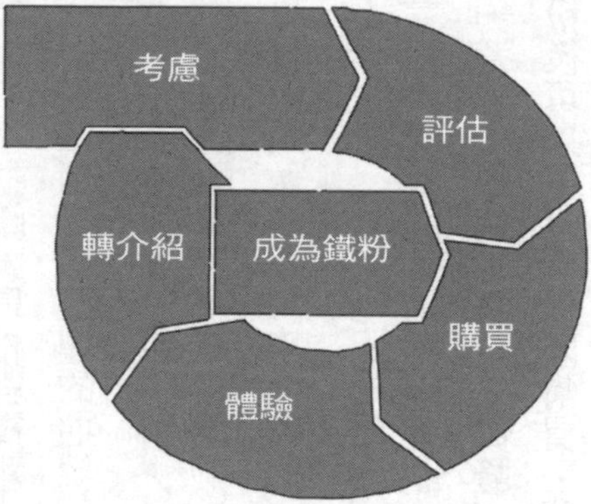

此外，消費者旅程也可以畫成行銷漏斗[3]（Marketing Funnel），也就是利用篩選圖呈現每一次關鍵決策點客戶的流失數目。

構圖四：篩選

要用步驟或篩選做出成果或實現某個目標，我們一般會用漏斗狀的篩選圖。篩選與流程圖都表示順序關係，但篩選圖是以從寬到窄、從大到小的視覺差異，強調過程中數量的減少或精度的提升。

例如，市場活動要評選品牌的帶貨達人，我們的任務是用一張簡報描述專案各步驟的細節。在這種場合下，從海選到決賽的整個流程，就可以用篩選圖來構建。

圖 5-9　篩選圖：漏斗圖

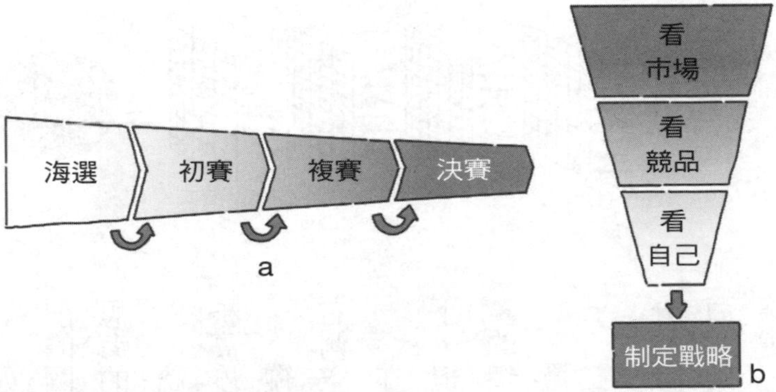

如圖5-9a所示，圖中箭頭和V形文字方塊代表流程的方向，而文字方塊減少的高度則代表減少的人數。這類元素一般會被放在頁面的最上端，然後在下方再用單獨的文字方塊，解釋每一步驟的細節。

再進一步，我們也可以在箭頭的左右標注進出漏斗的總人數，讓這張圖的資訊更加具體。

又例如，我們計畫向上級彙報產品設計的概念，需要用簡報報告關鍵的活動和內容，這時也可以用篩選圖。

3 指消費者從認知到購買的過程中，每個階段的人數逐漸遞減，分六階段：接觸品牌、產生興趣、納入考慮、產生意願、決定購買、顧客回訪。

圖 5-10　篩選圖：濾網圖

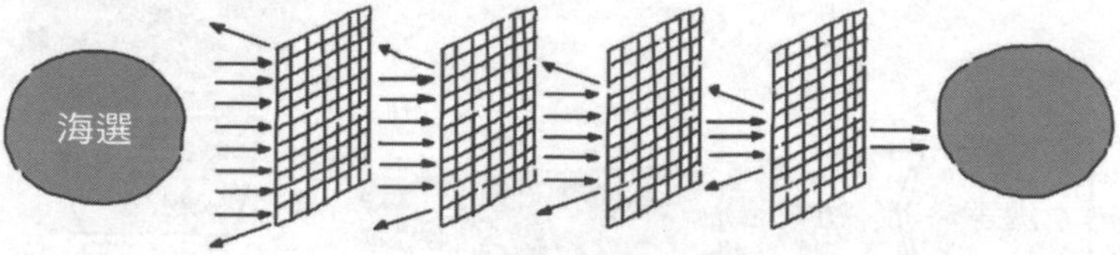

如上頁圖5-9b所示，我們用一個漏斗把制定產品戰略之前的關鍵框起來，每個動作像漏斗中的一塊濾紙，而最終思考的結果就像被過濾精鍊的精華。

這種構圖代表產品設計的思路嚴謹，而商業價值也是被高度精鍊的。

縱向的漏斗通常會放在簡報最左端，而每一層對應的右側空間可以插入文字方塊，更深入的闡述內容。

在構圖的方向上，篩選圖通常是從左到右或自上而下。但有時我們要凸顯層級的遞進，例如在描述職級或薪資的情況下，**自下而上的正金字塔也是常見的篩選圖**。

還有一種是濾網圖（圖5-10）。

濾網圖是呈現自上而下的漏斗圖，其邏輯與漏斗圖十分相似，都是表示過濾、精鍊。例如，利用濾網圖表示從海選到冠軍隊產生的全流程，海選之後要經過四輪的角逐篩選，每次篩選都可用一張濾網來表示。

箭頭的方向代表篩選人流的方向，箭頭的多少則示意人數的增減。作為構圖，在每個濾網下方，講者可進一步闡述篩選環節的相關細節。

構圖五：總分式

總分式圖的中心要點為「總」；周邊多個支持的要素為「分」。總分式結構強調中心「總」的價值，將其放在視覺中心，「分」要素則緊密的圍繞在周邊。除了中心的「總」，總分式結構與前面提過的並行圖十分相似。

總分式結構很常會用到，而且也可以由不同的形狀組成，但一定要有中央的視覺錨點。例如下頁圖5-11、第一六二頁圖5-12中的總分式圖，其外部輪廓包括的三角形、正方形和圓形，大家可以清晰的看到居中的「總」中心。

下頁圖5-11的中心「顧客滿意度」共有三個「觸點」[4]：實體門市、電話客服和線上客服。三角形的每個角都代表一個觸點，圍繞顧客滿意度這一中心，這說明三

---

4 指觸點行銷（Contact marketing），顧客接觸到商家的每一個點。

圖 5-11　總分式圖：三角形組件

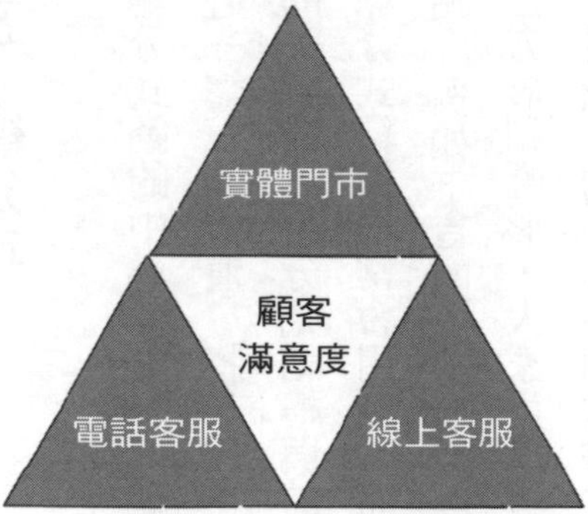

個要素缺一不可，彼此互相合作，才能提升顧客滿意度。

再比方說，線下外語培訓機構要向投資人闡述個性化服務的多元化的特色、全方位，即可利用下頁圖5-12的正方形或箭頭形成的圓形元素來描述。

「個性化服務」被放在中心，外面的組件代表各個服務的提供主體，包括外師（外籍教師）、中師（本土教師）、班主任和客服。以四對一的服務，強調個性化資源充足和品項齊全。

有時，我們也可以用不同的色系或背景凸顯中心的「個性化服務」。在兩種呈現圖形中，箭頭組成的圓形更生動，相對於中規中矩的正方形，更能突出互動和合作關係。

圖 5-12　總分式圖：正方形和圓形組件

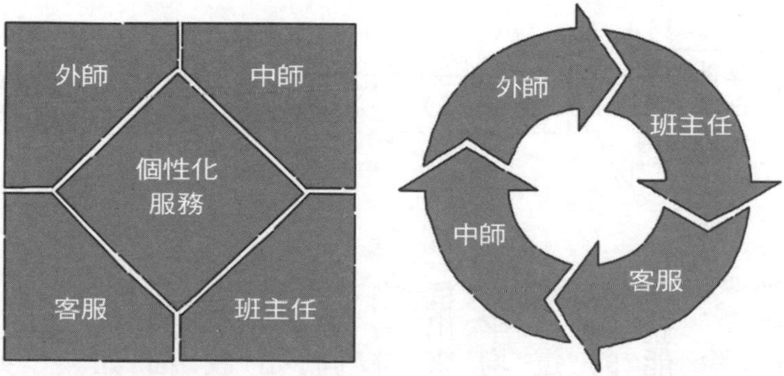

總分式圖往往被放置在簡報的正中心，然後用虛線連接其他的具體元件和與其對應的文字方塊。以總分式圖來布局，簡報自然就有了聚焦的核心和平衡的版面。

構圖六：複合式

複合式圖是指，上述五種基礎元素之外的其他複雜元件。上文中的並行、遞進、流程、篩選和總分式結構是基礎元素。透過排列組合，它們可以衍生出各種複合式圖；將其中某一部分放大，也可以形成新的圖。

例如，我們可以把流程和並行圖結合在一起，並以此凸顯在流程的某一環節內的並行因素。

圖 5-13 **複合式圖：SCP＋I 模型增強版**

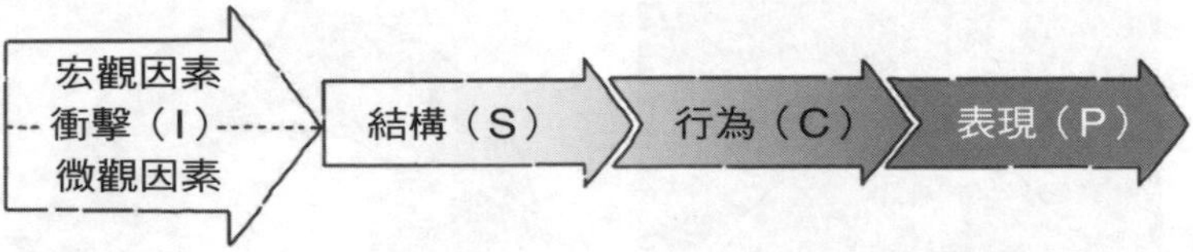

如SCP＋I模型增強版（圖5-13）中，我們將衝擊（I）進一步拆解成兩類並行的因素：宏觀和微觀。如此一來，我們就有足夠的空間來講述衝擊的下一層面的細節。

我們還可以將基礎元素的某一部分放大。

如下頁圖5-14所示，此頁簡報套用了並行結構，但與並行不同的是，這裡強調某單一元素。公司的四大服務能力之一外師能力是核心競爭力，這裡用套件的形式將之特別框出來，然後在右面的文字方塊中，描述外師能力超過業界平均水準的原因及細節。

這個圖可以放在連續四張的簡報中，每一個頁面強調不同的能力，然後進行細節講解。如此，左面的能力及數字就能當成指引，讓人耳目一新。

除了基礎元素的組合與放大，複合式圖還包括各種創造性的個性化元素。

圖 5-14　複合式圖：總分式結構增強版

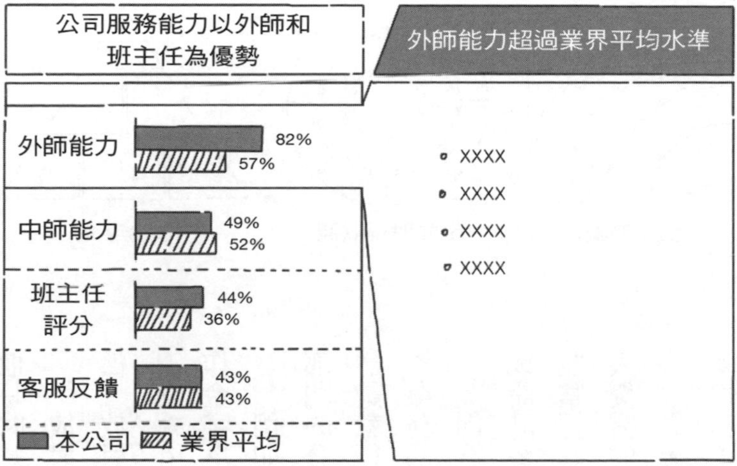

資料來源：2022 年行業用戶滿意度調查。

如下頁圖5-15所示，漣漪圖、放射環狀圖、金字塔等，都可以成為版面的框架。

顧名思義，漣漪圖就是一圈圈的水波狀版面（下頁圖5-15a）。**漣漪圖通常用作主營業務和眾多衍生業務的描述：**靠左下四分之一的圓是主營業務，而外圍的層層漣漪代表非主營業務。越靠近主營業務的，與公司主營業務的相關性應該越強。

漣漪圖還可用來劃分公司的短、中、長期規畫，例如：靠左下四分之一的圓是一年內的計畫，由左往右的每一個刻度則依年或其

圖 5-15　個性化元素

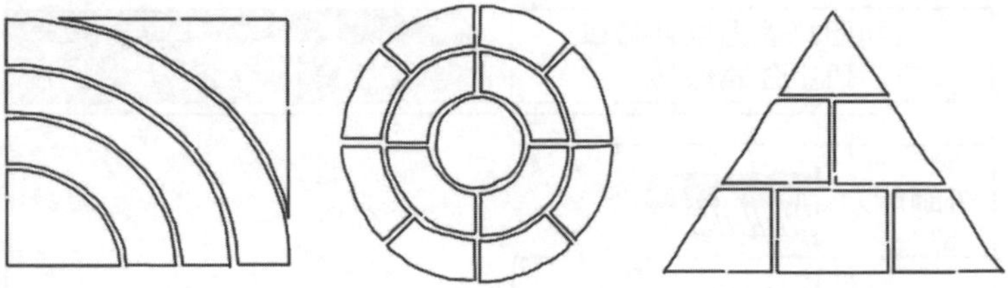

a 漣漪圖　　b 放射環狀圖　　c 金字塔

他時間遞增。

放射環狀圖和金字塔圖都可以用來描述等級關係。放射環狀圖的最高等級在中心，而金字塔的最高等級在頂端；因此，我們也可以把放射環狀圖看作金字塔的俯視圖。

例如，用放射環狀圖和金字塔來描述公司業務部門的分布，放射環狀圖的中心或金字塔的頂端必然是執行長、總經理，而往外或向下就是一層一層的業務部門及部屬組織。

創造性的構圖元素不一而足，甚至可以以地圖或設計藍圖為框架。我們在意識到構圖元素的存在並掌握其基礎應用後，可以多參考、借鑑和學習他人優秀的簡報設計及其框架。

最後要提醒大家：複合式圖並不等同於高效。

麥肯錫認為，**高階商務的簡報要用其中的洞見、實**

用性和資料及邏輯贏得客戶，因此在簡報的展現形式上追求至簡和專業。過於花式或繁複的簡報結構，會干擾讀者閱讀及理解，因此並不鼓勵應用。

本章介紹的基礎構圖元素可以滿足大部分的簡報彙報要求，如果大家能活學活用、舉一反三，必然會讓自己做簡報的水準提升到一個新高度。

第六章

為什麼他們的文字最具說服力？

1. 麥肯錫語法四大原則

按照篇幅占比來看，商務文書仍以文字內容（包括數字）為主，自然也講究商業寫作的溝通風格。

所謂溝通風格，是指一個人在與聽眾或讀者溝通時採用的語氣及態度。商業文書不同於詩歌或小說，不是情感的抒發，而是講究就事論事，用資料和邏輯取勝。再加上商務溝通往往有明確的目的性（如解決問題）和較強的時效性（如推動專案進度），因此在文字及呈現風格上，同樣也必須兼具聚焦、明確、具體和直接。

為了避免因語言風格而產生不必要的干擾及風險，商業文書也力求相對保守和中性的文字風格，以及用簡單易懂的文字表達邏輯和資料。

商業寫作能力，是指透過寫作在商務場合中的具體應用。寫作能力除了要打好遣詞造句和遵守語法規範等基本功，還包括布局謀篇的大局觀。此外，外界因素也會影響商務文書的風格，如正式或非正式場合、直接或非直接溝通，以及書面、口頭、視訊等溝通形式。

關於溝通風格和商務寫作能力，坊間已有不少相關圖書，但本書囿於篇幅，主要聚焦商務文書的文字要求，並針對一般人常犯的錯誤，提供相關建議及具體的提升方法。

書寫高階商務文書時，要遵循四大原則：**有效至簡、專業保守、主動直接和定量具體**。

原則一：有效至簡

要盡量使用結構簡單的短句，去除冗長多餘的內容，保持精鍊。每頁簡報的篇幅有限，可謂「寸土寸金」；行文中與主題無關或重複的資訊應一概刪除。例如下面的兩組描述：

- 產品名稱直接影響銷量，需遵循以下三大原則——A、B、C；
- 如果我們希望產品在國內市場賣得好，同時兼顧其他國家和地區市場的需求，還要與類似產品有所區別，產品命名就要遵循以下原則——A、B、C。

首先，第二種說法使用了複雜的句式結構（在「如果……就……」句式中，套用「同時……還要……」），和第一種說法的文字量相比，讀者閱讀起來相當吃力。

其次，這些描述缺乏濃縮，迫切需要精簡和聚焦。最後，本句的表述重點在於引出三大原則，過多修飾性描述會淡化核心內容，影響溝通效率，甚至有喧賓奪主之嫌。

POINT

標題是一頁簡報核心觀點的濃縮，需要反覆推敲。標題必須是明確的判斷，同時長度一般不超過一行。

原則二：專業保守

麥肯錫堅信商務溝通要用洞見、嚴謹的邏輯，以及詳實的資料征服客戶。因此麥肯錫強調，在表現形式上，為了如實呈現內容，簡報應盡可能的樹立專業和保守的風格，杜絕一切華而不實、只有噱頭的內容。

按照這樣嚴格的標準，我們在**簡報中常見的花俏技巧**，如飛進飛出的箭頭或星號、忽大忽小的文字、隨意變更的顏色等，**都是不專業的表現、不必要的干擾**。

在專業保守的原則下，麥肯錫對每頁簡報的細節，如色系、字型大小、注釋、頁碼等，都有細緻、甚至有些繁瑣的要求。

首先，配色需要和諧，避免顏色跳躍帶來視覺不適。麥肯錫的簡報以藍色為主，有人甚至用「麥肯錫有兩百種藍」來形容。雖然這個說法有點誇飾，但麥肯錫的諮詢師確實得絞盡腦汁用深淺不同的藍色，來表示強調或區分不同內容。

其他顏色不是不能用，但一般只在極特殊的情況下，才允許採取標紅等方式突出要點。我們在創作文書時，要盡量使用公司或甲方的常用色系，**積極的按照同色系的深淺，設計出有層次的圖表和文字**。

第二，簡報封面的字型大小須保持一致。除了大標題和頁尾的注釋，麥肯錫文書提倡**正文字型大小相同，一般是十二級或十四級**。忽大忽小的文字會讓整個版面顯得雜亂無序；嚴禁使用不同的字型大小，把簡報當作視力測驗；即使是細分標題也不能用更大的字，最多用粗體顯示其重要程度。

如果要表示層級關係，建議利用類似點線結構的行首字元縮排來顯示。如下頁圖6-1所示，簡報中還有各種細小的元件，如資料標籤、來源等，也都有相應的標準。例如，資料標籤提供附加的輔助資訊，解釋內容成熟度、保密性等，讓讀者得到更全面的資訊。

再例如，「初步成果」的資料標籤，是用來提示讀者此內容並非最終結論，未來或許會更新。而「資料來源」則表明文字中資料或引述的出處。**任何用來支援核心論點的關鍵資料都要標明出處**，即使是自己調查研究的結果，也要用「團隊調查研究」字樣明示。

當然，簡報一定要有頁碼。尤其在線上會議盛行的今天，如果沒有頁碼，很可能會給讀者帶來不必要的挑戰。

麥肯錫「挑剔」一般重視文書細節，其細緻的要求難以窮盡。除了上述色系、

圖 6-1　麥肯錫製圖示範：精緻但不花俏

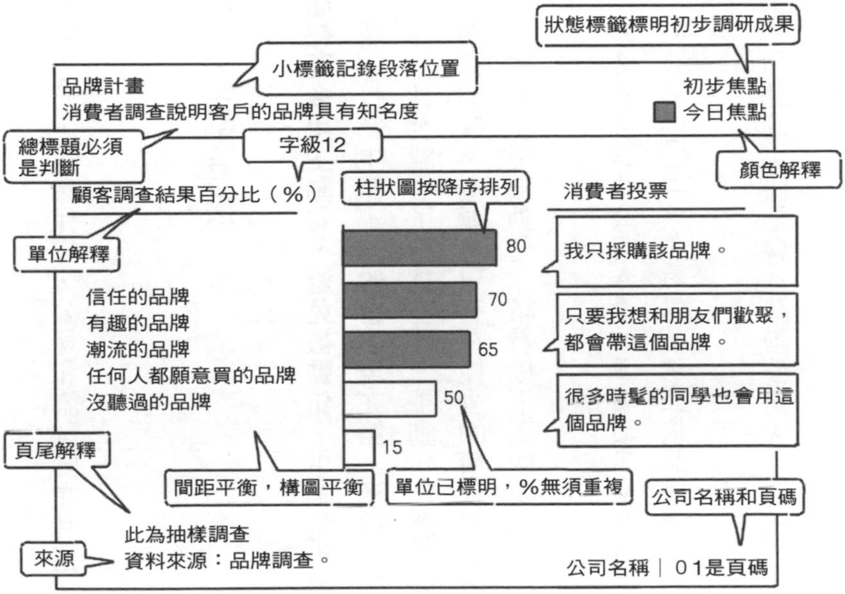

字型大小、注釋、頁碼等要求，麥肯錫還要求各組件的間距一定要平均，參差不齊的間距會讓簡報顯得不嚴謹；**成段的文字要左對齊而不是居中**，以避免英文單詞之間的距離寬窄不一；一旦有重複的語言或符號，就要仔細推敲是否可以將其合併或刪除，因為至簡的結果是頁面乾淨整潔。類似的要求不勝枚舉。

「文如其人」，簡報文書的品質可展現公司和諮詢師自身的專業度；連文書都這樣一絲不苟、專業保守，公司和諮詢師在其他方面應該更加值得信賴，可以委以重任。

原則三：主動直接

簡報要多用主動句、避免被動句。主動句和被動句有不同的特色和效果：主動句的主語即行為主體，一般會出現在第一順位，既直接又容易理解；被動句則含糊其詞，弱化甚至隱去了行為主體。主動句在聽眾面前凸顯控制感和強大的自信；被動句則顯得閃躲、猶豫。只有在極少的情境下，例如法務文書有時不能透露行為人的資訊，才會使用被動句。請看以下兩個陳述：

- 知名會計諮詢公司A查核並通過了M公司二〇二一年的假帳。
- M公司二〇二一年的假帳被查核並通過了。

第一句話的主語是會計諮詢公司A，這樣的主動句資訊清晰且表述直接。第二句話看上去就弱掉很多，而且有故意隱瞞關於會計諮詢公司A的關鍵資訊的嫌疑。

我建議大家在修改商務文書時，要把所有的被動句都標出來，然後逐一判斷應用它的必要。

如果沒有隱藏行為主體等特殊目的，就將被動句逐一改寫成主動句。

例如，「公司財報的第二次審核將被實施」，可以改成「公司內部財務將實施第二次審核」，其效果顯而易見，讀起來更直接和可信。

POINT

被動句在商務文書中應慎用。在修改的最終階段，我們應該標出所有的被動句，逐一確認其是否必要。將非必要的被動句改寫成主動句，溝通效果會有明顯提升。

原則四：定量具體

在商務文書中，對事物的描述或判斷有兩種不同的模式：定性和定量（見下頁表6-1）。我們常用且熟悉的模式是定性的，以文字為主，如專家意見、社會觀點、客戶評價和自己的主觀評估等。

「用戶調查研究發現，消費者對公司M的保久乳產品A並不滿意」，就是一個典型的定性判斷。

相對於定量，定性判斷更主觀。如果**在簡報中大量運用定性判斷，會給讀者一種無事實依據、依直覺決定的負面印象**。以上述例句來看，滿意或不滿意是主觀的相對概念，每個人對滿意的客觀評判標準都不盡相同，讀者自然會好奇、甚至挑戰不滿意這個判斷的推導過程和資料。

定量描述直接用數字來傳達資訊，例如感測器（Sensor）資料、測量資料、財務數據、調查研究問卷評分等。在文字描述中，定量和定性缺一不可：**我們需要定性來判斷，用定量資料來支撐判斷**。上述關於產品A的判斷可以增加定量的描述：

表 6-1　**溝通關鍵成功要素**

項目	定性（qualitative）	定量（quantitative）
定義	關於性質的訊息	可以直接用數字衡量的訊息
狀態	往往用自然語言描述	可以直接用數字表達
類型	文字	數字
舉例	專家意見 社會觀點 客戶評價 主觀評估	感測器資料 測量數據 財務數據 調查研究問券評分

「根據使用者調查研究顯示，消費者對保久乳產品A的健康功能認識不足，僅六〇%的受訪消費者以健康因素作為產品的前三大購買標準，顯著低於競品B的八〇%。」

這裡補充的定量資訊充分支援了「健康功能意識不足」的定性判斷，讓定性判斷更可信和具體，也更有說服力。

綜合以上，我們要積極運用商務文字的四大原則，即有效至簡、專業保守、主動直接和定量具體。這些原則能幫助我們提升商務語言的能力。

POINT

在商務溝通中，應盡量避免「永遠正確」的中性判斷（按：指較為模糊的敘述），例如：「有提升空間」、「存在問題」等。因為，任何事物都有些許問題和一定的提升空間，因此這類的判斷也代表缺乏內涵。

我們需要具體的定性判斷，然後用數字量化定性判斷的衝擊和規模。例如，「過多長尾產品[1]導致生產成本居高不下，壓縮產品種類，其生產成本便會下降一%到二%」。

2. 標題，只能寫一行

標題，是指每頁簡報最上方主題文字，用於陳述本頁要展示的中心觀點。讀者閱讀時的順序是由上往下、由左至右、從中間到兩端（如果中間有圖示），因此讀者第一個看到的，一定是標題。

標題作為簡報的門面，其作用不容小覷。讀者閱讀標題後，會做出兩個截然不同的選擇：如果標題的說法、判斷與自己的想法一致，讀者往往會跳到下一頁；**如果觀點不一致或發現了感興趣的觀點，讀者會仔細閱讀本頁的內容**。

為了讓讀者快速理解主題，**麥肯錫要求標題必須是完整而易懂的句子，並且要有判斷，最好是洞見級的判斷**。除了這個基礎要求，標題同樣適用麥肯錫四大原

1 長尾理論（The Long Tail Effect），由美國《連線》（*Wired*）雜誌主編克里斯・安德森（Chris Anderson）所提出，強調非暢銷產品的重要性。此處指，因銷售時間拉長，持有成本也變高。

則；但由於標題責任重大，要概括整頁內容，麥肯錫對標題還有更細緻的要求。

首先，標題在概括內容的同時，一定要與簡報頁面的內容相對應。常見的錯誤是標題只與圖表、資料和陳述中的部分內容相關；或者過度呈現，標題和內容並不相符。在引用外部資訊時，簡報新手總是不假思索的照搬、照抄，使用的截圖只有部分內容與標題相關，造成標題與內容嚴重不符。

麥肯錫要求**重新繪製所有引用的圖表**，因為這種資料重製在保證圖表風格統一的同時，也確保了引述內容的相關程度。

POINT

商務呈現有別於商務分析，其重點在於高效溝通，將主張毫無差錯的傳達出去。在呈現時，我們要按照強調主題和易於理解的標準，再次加工資料。

例如，只摘取相關資料組，初步的歸納資料，用易懂的圖表呈現資料等；資料分析時，杜絕把多個複雜難懂的圖表（如營運資料分析圖表）直接貼到簡報中，這種不易讀的資訊，是對讀者的不尊重。

其次，標題的判斷要鮮明和具體，不做模稜兩可的陳述。商務呈現更重視直接、乾脆、實用，過於廣泛的討論都是不合格的。洞見是能直接推導出解決方案（action-ready）的判斷，有強大的指引功能。

例如：「產品A透過改善運營和減少庫存量單位SKU（Stock Keeping Unit），可在一年內提升淨利率一%到二%」，這就是明確的判斷，在標題中就點出了量化目標。這樣的標題讓讀者對該頁的核心觀點一目瞭然，並期望在內容中看到改善運營和減少SKU的細節分析。

最後，標題不能過長，遣詞用句需要反覆推敲。**標題原則上只能占一行**。其實，**中文在字數精簡上有優勢。在標準十六比九的寬版簡報頁面標題中，如果採用楷體二十一級，一行可以寫三十個左右的字**。相比之下，英語就很吃虧，很多英文單詞要占中文兩倍的空間，即使用縮寫也是如此。「標題只能占一行」的要求是全球通用的，因此在麥肯錫，用英文寫簡報標題更有挑戰性。

POINT

不能把名詞短語當作標題。名詞短語（如團隊建設、財務狀況）無判斷且缺少觀點。這樣的標題會使讀者被迫仔細看完整篇簡報，來猜測主講者的意圖，這不僅會大幅增加溝通成本，甚至會引發讀者的不滿情緒。

想清楚不等於可以說明白。在溝通中，洞見有時會因為用詞不夠簡練，而給人一種隔靴搔癢的印象。用簡單易懂的語言傳達洞見並不容易，需要常年磨練和鍥而不捨的反覆推敲，因此在標題上下功夫就顯得格外重要。

描述是無力的，只有判斷才直接。例如，同樣介紹某地河流的水位較高，第一個標題是「某地某河流，今年水位高達八十公尺」，第二個標題是「某河現百年未遇高水位」。由此我們不難發現第二個標題更有衝擊力。

訣竅在於，將單純資料描述「水位高達八十公尺」中的絕對數字，放在歷史的相對比較中，指出其「百年未遇」的罕見特性。

數字及其規律的描述都是表象，這些數字及其規律的成因才是洞見。我們一定要透過表象做出洞見級的判斷。又如，鄰居跑過來慌忙的說，他家「在過去一分鐘內，室溫上升五十度」，你一定滿頭霧水；如果他大喊「我家著火了」，你立刻就明白了，然後要麼幫他一起救火，要麼一邊避險，一邊打一一九。

這看似荒誕，但類似「一分鐘內室溫上升五十度」的描述，在商務溝通中比比皆是。

再舉個簡單的例子。針對產品A的庫存資料（此為虛擬數據）（見表6-2），經理X的陳述如下：

- 主要產品A的工廠庫存為零，經銷商庫存和貨架庫存也幾乎清零。
- 這個公司庫存管理很有問題！
- 管理層應該指示工廠和經銷商多備貨！

表 6-2　庫存狀況報表

單位：萬件

產品	工廠庫存	經銷商庫存	貨架庫存	當期生產總量
主要產品A	0	3	20	2000

其實，經理X已經找到極端資料，只是後面的分析乏力，沒有推導出更深層次的洞見。

經理X試圖完成洞見提煉五步法的第一步和第二步：尋找數字中的規律和趨勢，尋找極端的數字及其含義，但是「主要產品A的工廠庫存為零，經銷商庫存和貨架庫存也幾乎清零」，這個發現仍然停留在表象的資料描述，沒有深入挖掘其含義。然後，經理X將表象的成因簡單咎因於：這個公司庫存管理很有問題。

「有問題」在精準度上含糊不清，離洞見相距甚遠。在分析和提取沒有到位的情況下，經理X習慣性的開啟了專家的建議模式：備貨，並且不自覺的完成了快速思考三階段[2]：「描述資料－粗線條分析－斬釘截鐵建議」。其整體邏輯就是：庫存為零，所以庫存管理有問題，建議增加庫存。

這種邏輯乍聽之下很合理，在平時工作中，我們也常用類似的方法判斷。可是，只要努力思考、仔細推敲一下，就會發現經理X的判斷漏洞百出，而且最後的結論可能大錯特錯。

作為一個每期生產兩千萬件的主要產品，工廠庫存、經銷商庫存和貨架上的零售庫存都是零或接近零，這如果不是停產出清的極端情況，行家一般都稱這種狀況為「斷貨」。單一庫存管理問題通常是庫存分布不均，但現在所有的庫存同時幾乎為零，這代表斷貨問題已經十分嚴重，遠超庫存管理的範疇。

全面斷貨不只是庫存管理有問題，往源頭再進一步，是什麼導致如此嚴重的斷貨？在供需關係中，這無非是因為供給端生產者的產能安排，與需求端消費者需求之間出現落差，因此我們要分別了解供需兩側的狀況。

在供給端，我們需要更多的資料，如上階段的產能。對比上階段產能的分配情況，我們會發現：主要產品A上階段的產能是四千萬件，而本階段降至兩千萬件。為什麼產能的變化如此之大？進一步調查發現，另外一半產能用於新品B的生產，而新品B由於銷售量並未達到預期，因此在當期出現大量庫存積壓。

接著再往下深究。生產方難道不知道五〇%的產能會造成斷貨嗎？這個決策不符合常規。產品A這樣大幅減產，除了新品B的需求，會不會有其他原因？

例如，產品A的歷史庫存是否過大？如果過大，那麼廠家是否想清庫存？如果庫存一直沒有問題，有沒有可能是為了品牌長期獲利，而人為的造成短期供不應

2　源自《快思慢想》。

求？也就是所謂的「飢餓行銷」（Hunger marketing）。這些都有可能，需要進一步驗證。

看完供給端，再來看看需求端。需求端有沒有突發事件？政策變化、自然環境變化、特殊事件、大訂單交付、競品干擾等，都可能造成需求的突然變化。

如果需求端因突發事件造成需求突然增長，在一定程度上，也可以解釋供需不均的表象。例如，該地區出現罕見高溫，導致消費者對本產品的需求量突然大幅度提升。也需要驗證這些可能性。

問正確的問題、蒐集更多的資訊，代表的是更深入的分析。運用洞見提煉五步法後，經理X做出了以下判斷。

- 主要產品A本階段出現全面斷貨的危機，導致利潤損失高達××萬元。
- 斷貨主要因為產品A和新品B一起上市，導致產能分配減少二〇%，外加連日的高溫，導致市場需求增加三〇%。
- 建議根據需求測算，將產品A產能恢復至×××，重新評估並降低新品B的產能分配。面對需求增加，建議探索擴充產能等其他可能性方法，如短期生產外包和建設長期新生產線。

對比兩個不同版本，我們會發現第一個版本中增加「備貨」的建議十分武斷；而第二個版本的分析（如供給和需求等）則較為全面，邏輯清晰、數字詳實，建議也更具體、可執行。

在進行商務溝通時，我們要避免隔靴搔癢的表象描述，要用洞見抓住聽眾的注意力。「庫存為零」和「斷貨」看似在說同樣的事，畢竟斷貨的庫存也是零，但它們的屬性完全不同：一個是描述表象，另一個是帶有判斷的洞見。庫存為零可能有很多原因，描述本身並不帶有優劣評判。

例如，在不影響供需的情況下，保持最小庫存可以是一種優點，如柔性供應鏈（按：指具備對顧客需求做出反應能力的供應鏈）中的庫存管理。但斷貨卻會為業務營運帶來負面評價。供不應求造成的斷貨為公司帶來損失，也督促管理者深究供需失衡背後的根本原因。

綜合以上，麥肯錫對簡報標題、色系和文字等細節，都有較細緻的要求。麥肯錫強調「文如其人」，認為商務文書代表作者和團隊的做事風格、態度甚至能力。

風格沒有對錯，也沒有最佳和唯一，但麥肯錫在商務溝通的細節管理中，對極致的追求和專業風格，值得我們認真學習和借鑑。

第七章

引述外界的圖表一定重製

1. 五大定量圖表，看穿統計背後的祕密

圖表是商務文書中的一種視覺呈現。所謂「一圖勝千言」，是指圖表在表現效果上遠遠超過枯燥的文字。圖表種類繁多，不僅包括 Excel 工具列中的折線圖、圓形圖（pie chart，或稱餅圖）、柱狀圖（bar chart，也稱長條圖）等基礎圖表，還包括各種自訂的創造性圖表。

在簡報中，**圖表的主要功能是支持講者的觀點，而不是記錄推導過程**。尤其在高階商務場合中，聽眾更加關心結論，只有在觀點有爭議的時候，才會仔細審視結論的推導方法和數據資料。

因此，圖表呈現的重點，在於讓人一看就懂；至於分析圖表的過程，一般大都放在附錄中。

按照內容屬性，圖表一般分成定量和定性兩種。由於設計原則和用法迥異，接下來將分開討論。

定量圖表（quantitative charts）是以資料為基礎，表現數字之間關係的圖表類型。Excel 工具列中的圖表，基本上都是定量圖表。隨著 Excel 功能的日益強大，在二〇一九的版本中，已經有雷達圖（radar chart）、瀑布圖（Waterfall Plot）在內的多種基礎類別，和近百種具體圖表選項。圖表種類如此繁多，即便是電腦工具書，也未必能將定量圖表全數列出。

Excel 有大量的統計分析類圖表。前面提到，圖表的展示目的並非重現分析過程，因此我們大可不必將「成為 Excel 高手」當作目標。**只要了解基礎的定量圖表及其組合，便可以滿足商務溝通的大部分需求**。

資料圖表大都需要重新製作，但很多人經常直接利用現成的資料分析圖表：在商務彙報時，將繁複且龐大的 Excel 資料表格直接複製貼上。雖然在洞見生成的分析階段，類似的表格能幫助我們尋找數字規律，探究資料表象背後的洞見；但**到了溝通階段，簡報圖表的目的不再是探究數據規律，而是提升溝通效率**。這就要求主講者從聽眾的角度出發，思考自己的主要觀點是什麼、首要強調的資料是什麼，然後根據資料關係選擇圖表類型。因此，我們需要重繪圖表。

製作定量圖表的第一步，是了解應用場景。在暢銷書《用圖表說話：麥肯錫商務溝通完全工具箱》（*The Say It with Charts Complete Toolkit*）中，麥肯錫金牌演示專家基恩·澤拉茲尼（Gene Zelazny）**把定量圖表按照應用場景分成五類：表示成分比較、項目比較、時序、次數分布和相關聯**，每種應用場景都有對應的基礎圖表類型（見下頁圖7-1）。例如，成分比較就用簡單的圓形圖；表示時序則用相對靈活的折線圖或柱狀圖。

場景一：成分比較關係

展示整體中各項目之間的對比關係，最典型的代表是圓形圖（見第一九五頁圖7-2a）。圓形圖雖然是簡單的單維度圖表，但用於展示部分占比時，其效果非常直接而高效。

除了圓形圖，圖7-2b的瀑布圖，也是表示百分比的圖表。瀑布圖稍後會再詳細介紹（請見第二〇五頁）。

圖 7-1 應用場景與基礎圖表類型

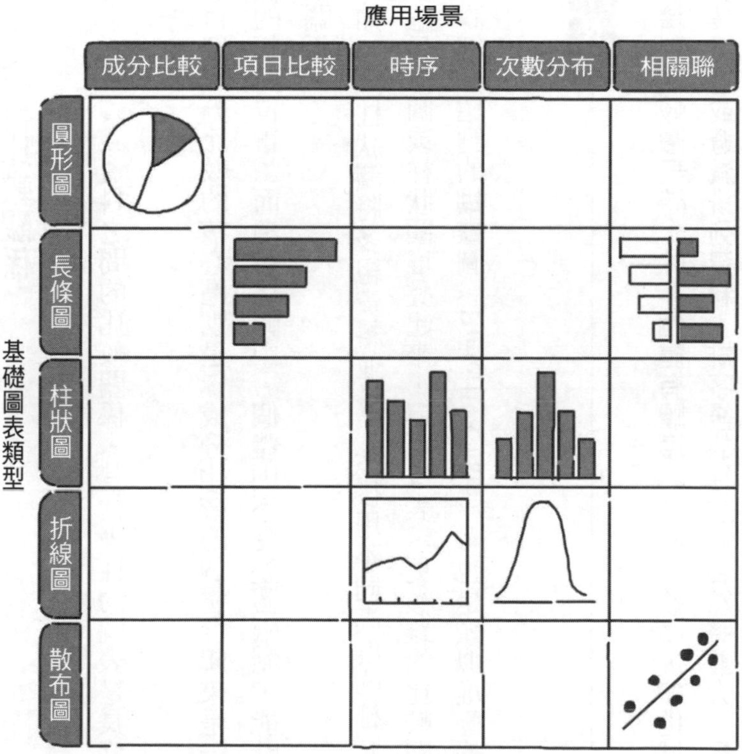

場景二：項目比較關係

用來表示獨立資料之間的比較關係，其代表性的圖表是長條圖、柱狀圖（見下頁圖7-3）。

項目與成分比較的核心區別是，成分比較的個體合起來是一個整體，強調個體於整體的相對位置；而項目比較中，個體則不受整體限制，能凸顯出每個個體之間的比較關係。

例如，以柱狀圖將多組資料並排，然後用不同高度的柱狀直接展示出數值對比。多組長條圖或柱狀圖堆疊起來，還可以表示更複雜的比較關係，或者是第二〇八頁會詳細介紹到的蝴蝶圖（Butterfly Chart），也是類似堆疊的應用。

POINT

在繪製比較圖表時，除非個體有順序（有固定順序，如地域或時間等），否則**一定要按遞增或遞減排列資料。排序後的柱狀圖自然將最大、最小或近零的極端資**

圖 7-2　表示成分比較關係的圖表

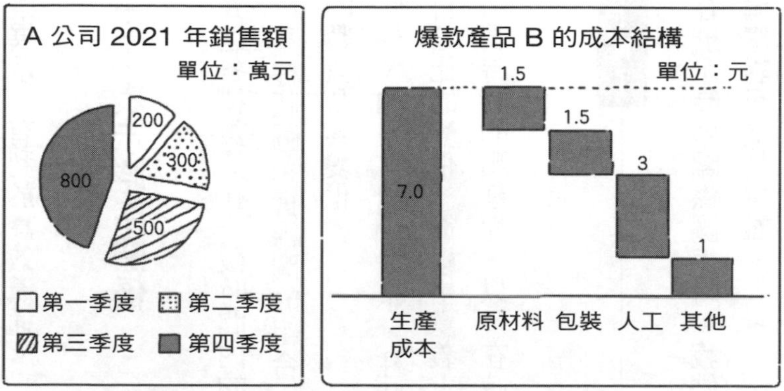

a 圓形圖　　b 瀑布圖

圖 7-3　表示項目比較關係的柱狀圖

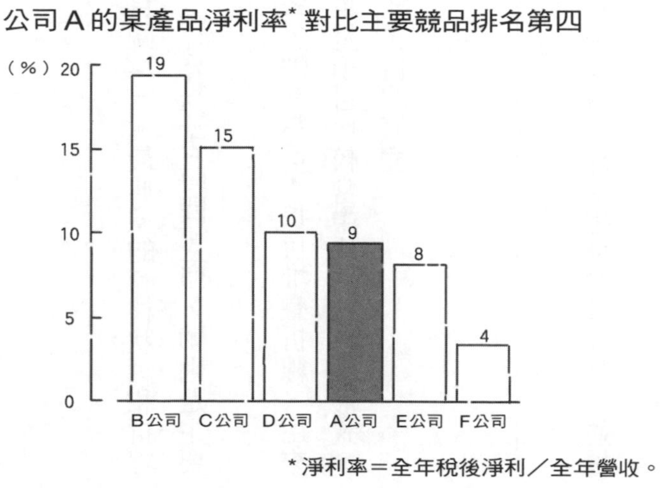

料清楚展示，有利於高效溝通。

場景三：表示時序關係

表達各種數值在一段時間內的變化（見下頁圖7-4）。最典型的有柱狀圖和折線圖，以及柱狀圖和折線圖的組合。圖表中的x軸往往代表時間，而y軸則是主要項目的數值及其變化。

此外，如下頁圖7-4所示，柱狀圖的y軸表示絕對數值，也可堆疊折線，用來表示百分比的變化。從嚴格意義上來說，時序也是項目比較當中的一種特殊形式，只是強調時間的順延性，以及在時間推進中某些數值的演變。

POINT

在展示時序關係圖表時，我們要留意與觀點不一致、甚至相反的時間點，並提前準備應對可能的挑戰。

圖 7-4　表示時序關係的圖表

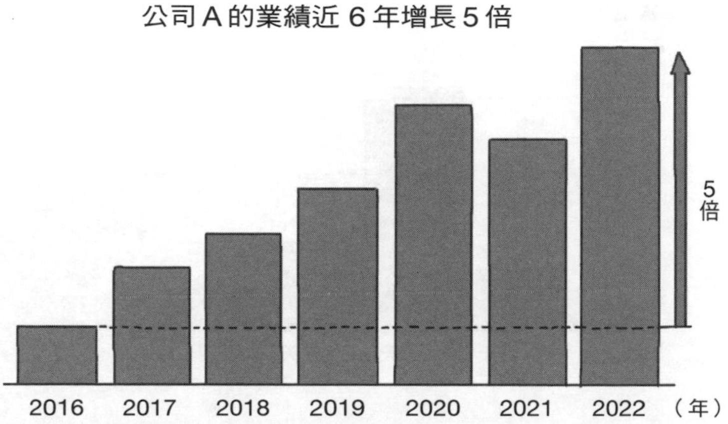

如圖7-4所示，其核心觀點是「從二〇一六年到二〇二二年，公司A的業績增長五倍」。但細心的讀者如果注意到二〇二一年的下滑，也必定會質疑整體判斷。更好的做法是，我們可以在二〇二一年的柱狀圖上標示「疫情」，然後將題目改成「疫情衝擊下，公司A的業績近六年依然增長五倍」。

場景四：次數分布

除了線性的時序關係，次數分布也可以用來表示順序。次數分布往往用彼此相連的特殊柱狀圖來展現（按：一般稱作直方圖），最典型的柱狀圖是直方

圖 7-5　表示次數分布關係的圖表

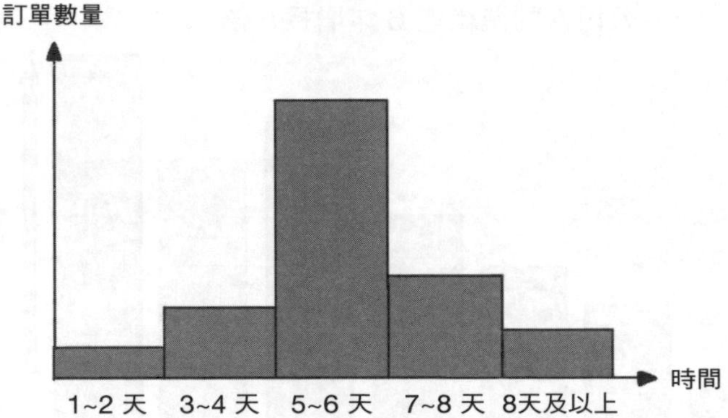

圖（見圖7-5）。

次數分布圖，是表示次數分布的狀況，通常會以組距為底邊、以次數為高度，將一系列的矩形連接起來，而形成階梯狀圖形。

在連續排列、組距相等的刻度上，用彼此相連的直條圖，表示各柱狀體之間的關係。

與時序關係相似，次數分布也是廣義項目比較中的一種，其特色是x軸往往是連續的、有意義的組距，並以此將更多的資訊附加在圖表中。

POINT

在表現資料的分布情況時，很常會用到長條圖，尤其在顯示中位數的大致位置、資料缺口或異常值時特別有效。在商務報告中，**長條圖往往能直接的指出極端資料的所在，引導出核心問題或重大發現。**

場景五：相關聯關係

在零散的資料中發現相關聯關係是洞見級的發現，這種相關性在彙報中至關重要，因此經常用圖表來展現。**表示相關聯關係時，通常會用散布圖（Scatter plot）外加折線圖的複合圖。**

散布是依據原始資料來分析，折線則是標出資料之間的相關聯關係。

最常見的相關聯分析，是統計學上的線性迴歸（linear regression）分析（見下頁圖7-6）。其中最有名的方法，是最小平方法（least squares method）——對一個或多個自變數（argument）和依變數（Dependent Variable，也稱因變數）之間的關

圖 7-6　表示相關聯關係的圖表

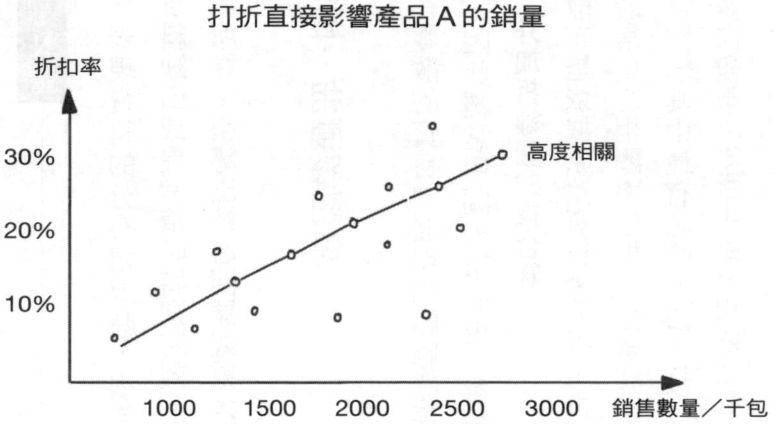

係，來建模的一種迴歸分析[1]。

不要被晦澀的描述嚇倒，其實繪製相關性圖表並不困難，目前包括Excel在內的各種數學統計軟體，都能幫助我們畫出趨勢線。

而且，商務場合中的相關聯關係圖表的關鍵在於：**判斷趨勢方向**。

雖然不鼓勵，但手繪趨勢線的做法也很常見；只要趨勢線的偏差不要太離譜，相對寬容的聽眾也會接受。

POINT

進行相關聯分析時，初學者往往希望一步到位，快速找到趨勢；在缺乏明顯趨勢時，就會輕易放棄。當我們無法畫出單一的趨勢線時，可以試著將資料分成不同階段，或提高x軸、y軸的維度（或維度組合），有時會有驚喜。

場景組合

複雜的溝通內容往往需要多重資料關係來驗證，而識別或分解觀點中的多重資料關係，巧妙選取並組合基礎圖表，就成了提高圖表製作技能的關鍵。

拆分是常用的手段。使用拆分方法時，**建議先列出核心的觀點，然後將觀點拆解成幾個不同的短語，評估一下每個短語各自形成圖表的可能性**。然後，以主要觀

1 分析變數之間關係的工具，主要在探討自變數（x）與依變數（y）之間的線性關係，透過建立迴歸模型，可以推論和預測未知資料的值。

圖 7-7　表示比較＋時序關係的示範

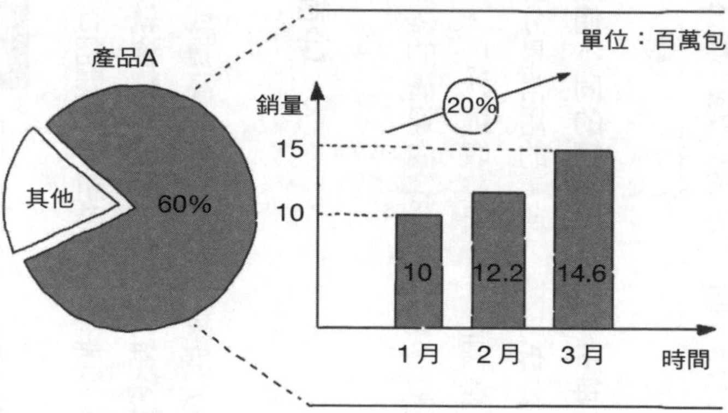

點的短語為中心，嘗試組合場景、反覆調整，就會製作出有料、直覺且專業的商務圖表。

如圖7-7所示，其核心觀點是：公司銷量最大的產品A，在過去三個月銷量增長明顯。這句話有兩組不同的資料關係，即成分比較（產品A比例最大）和時序關係（過去三個月增長明顯）。拆分後，我們可以用表示比較的圓形圖，和表示時序關係的柱狀圖來描述，然後用虛線連接相關部分。

這裡用深色強調產品A六〇%的銷售比例，然後用柱狀圖表示時序關係：產品A的銷量增加二〇%，遠高於其他品項。

圖 7-8　表示時序＋成分關係的示範

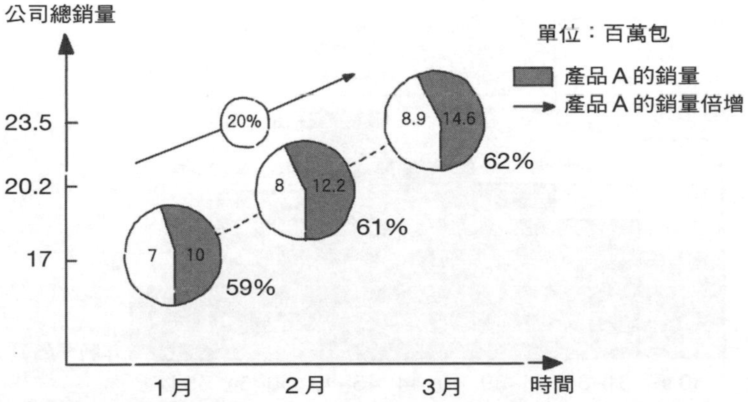

最後，再用虛線將兩個部分連接起來，巧妙的利用組合來支持核心觀點。同樣都是「公司銷量最大的產品A，在過去三個月銷量增長明顯」，如果我們要在視覺上強調產品A過去三個月的銷量增加速度，就可以適當調整圖表呈現的順序：把增加速度作為主軸，而將各時期的銷售比例作為細節呈現（見圖7-8）。

除了拆分，堆疊也是製作組合圖表的技巧。

資料關係的堆疊沒有太多限制，不僅限於不同資料關係之間，在同品項的資料關係中，透過創造性的堆疊，也可以完成出色的圖表。

圖 7-9　表示次數分布＋次數分布關係的示範

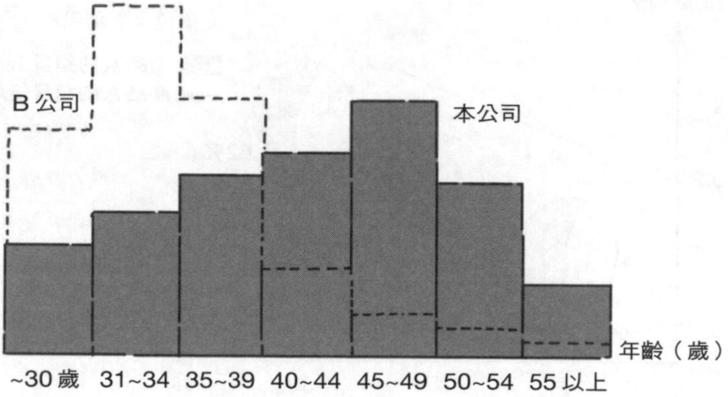

如圖 7-9 所示，這裡用兩個次數分布關係，將本公司和競品公司的人員構成相互對比。

本公司的次數分布關係以四十五歲到四十九歲人數最多，而競品公司的次數分布最多的，卻落在三十一歲到三十四歲。

此時，核心觀點「對比競品公司，本公司的員工年齡分布較高」不言而喻。

如何體系化的製作出專業圖表，本章後半部分會介紹更詳盡的五步法。

2 瀑布圖、蝴蝶圖、區間分布圖，專業大加分

除了上述基礎的圓形圖、折線圖、柱狀圖等定量圖表類型，戰略諮詢公司還會使用相對複雜的定量圖表，運用得當會大幅度提升文書的整體質感。這裡將介紹三種常用的高階定量圖表：瀑布圖、蝴蝶形圖和區間分布圖。

瀑布圖

瀑布圖是表現成分比較的一種特殊類型。前文提到的成分比較是指整體中各項目之間的相對比較，因此一般會用圓形圖。但成分關係比較有時會變得複雜，尤其在拆解成本、現金流或某些目標時，某些負面因素，也需要用圖表來記錄。面對類似挑戰，圓形圖就束手無策了。

以成本分析為例，如果總生產成本的總額是十八元，底下還有各種固定成本，

圖 7-10　**瀑布圖**

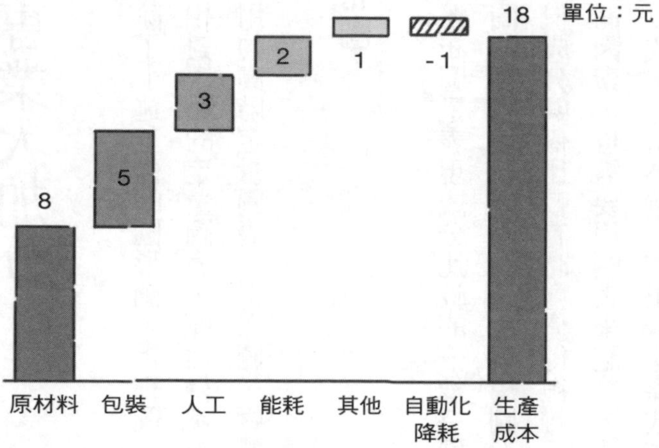

那麼我們就可以用圓形圖來展示。然而，公司本季度啟動了自動化項目，一線生產的自動化導致成本降低，而這種成本降低正是主講人要講的重點。

在此這個主題下，我們可以選取瀑布圖來呈現。

如圖7-10所示，由左至右五個深淺不同的矩形元素，表示原來的成本結構，總量為十九元；而帶斜線的矩形元件，則代表自動化專案帶來的成本降低，這六個矩形圖總和起來，便是總成本的十八元。

由此可看出，這種瀑布狀的設計，賦予了主講者更多抓住變數增減的方法。而且，我們還可以再附加其他資訊，使資料密度更大。例如，可增加箭頭表示成本降低，並標出百分比變化等，讓圖表顯得更專業。

除此之外，規畫戰略時，我們經常要繪製現狀和未來目標（如銷售額）的關係圖，**瀑布圖也可以用來展示，達成未來目標所需要的工作計畫及其貢獻**。

例如，圖7-10中最左端的矩形（8）原本是現在銷售額，為了展現差異，我們可以改成其他顏色，如淺藍；最右端的矩形（18）可以表示「五年後的銷售目標」；中間各矩形則用來表示不同專案帶來的衝擊，如主要業務的發展、外部收益、市場拓展等。

還有，反方向的矩形元素，也可以用來表示負值，例如：「暢銷品×專利過期」或「融資費用」等對收入的衝擊。

在這種設計下，瀑布圖能清晰的勾畫出，未來發展中各專案及風險的此消彼長，以及從現狀到目標的未來發展的變化及細節。

蝴蝶圖

蝴蝶圖，也叫「龍捲風圖」（tornado charts），是兩組長條圖背對背形成的組合。這個酷炫的名字來源於其外形，兩組橫置的條形元素像翅膀，中間的品項項目則像蝴蝶的身體。

蝴蝶圖主要用來表示兩組資料的相關性，也可以用來對比兩組資料的項目和時序關係。雖然蝴蝶圖不是獨立的圖表組合，但其外形特色和資料能帶來新穎的視覺衝擊，如果應用得當，大都能提升文書的呈現效果。

蝴蝶圖的資料點密集，趨勢對比能力強。長條圖本來就能呈現趨勢，兩個長條圖可以呈現兩組數據，而兩組長條圖並列，則更能增加趨勢之間的對比。因此，**蝴蝶圖非常適合用來強調資料之間的對比**，例如：公司產品與競品、自身銷售額與行業銷售額，甚至人口變化或其他趨勢。

再比方說，下頁圖7-11分別列出了兩種產品在相同週期內的銷售量變化趨勢，由此可以看出，隨著時間的推移，產品A逐漸成為主流，並且能保持增長趨勢；產品B則出現增長乏力的情況。

圖 7-11　**蝴蝶圖**

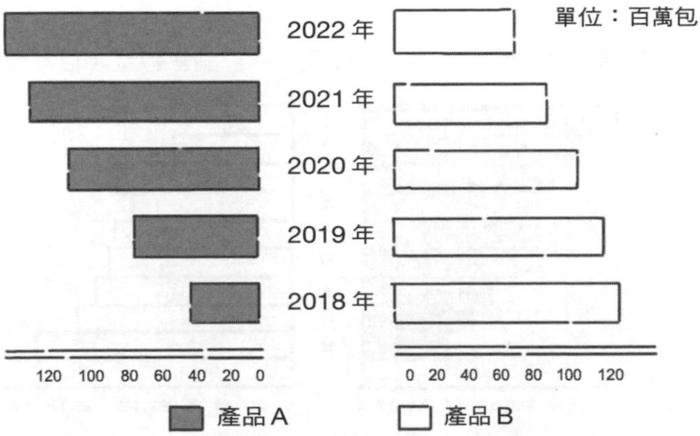

透過對比，這個圖表清晰的展示出「產品A的銷量增長迅速，而且已逐漸取代昔日王牌產品B」的觀點，以及兩者各自的演進過程及細節。

除了比較兩個主體的單一指標，在相同週期內的相對變化，蝴蝶圖還可以用來展示多個指標的相關性及其強弱。兩側的長條圖描述不同的指標要素，長條圖的整體走勢展現其相關程度。

如下頁圖7-12a所示，蝴蝶圖的左邊是產品單價，而右邊是與產品對應的銷售數量。九款不同產品按照價格遞減排列，而右邊對應的銷售數量卻顯示完全相反的趨勢。這個圖表可以說明產品定價與銷售數量有反向關聯：價格越低，

圖 7-12 蝴蝶圖展示相關性及其強弱

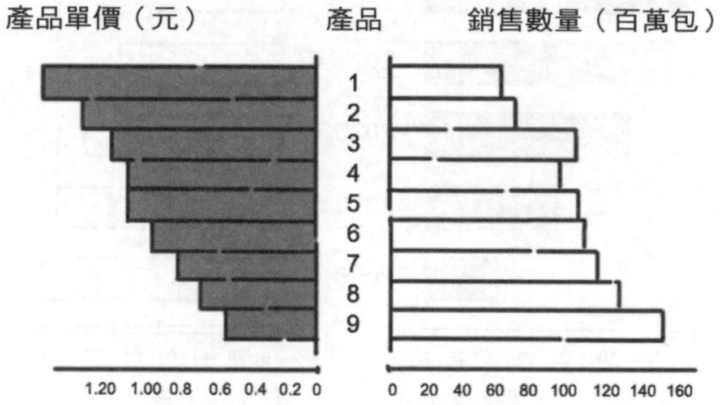

a

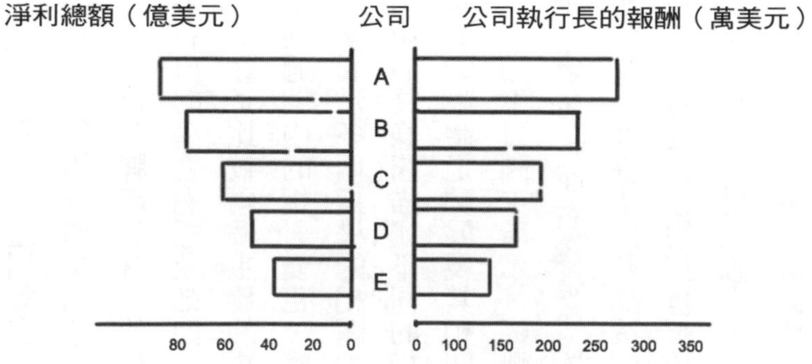

b

圖 7-13　**重疊的柱狀圖組合**

12 月新品縮短了公司與競品公司之間的產能差距

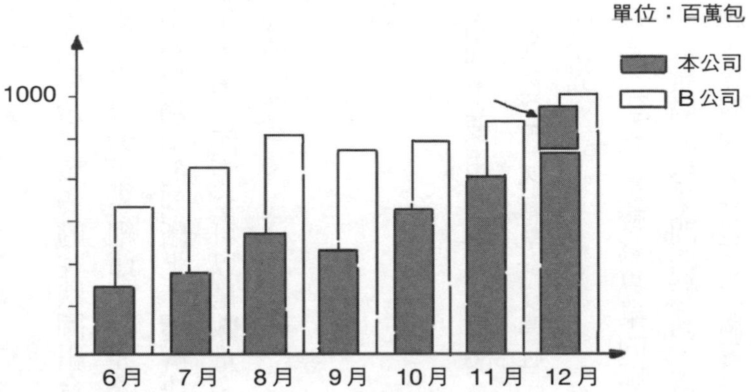

銷售數量越多。但要注意產品三，其價格不菲，但銷量超出了其他幾款更便宜的產品，可能的原因有產品三近期得到了更多的廣告投入等。

而上頁圖 7-12b 展示的是兩個要素之間的正向關聯，左邊是上市公司的淨利總額，按照盈利的高低遞減排列，而右邊則是公司執行長的報酬，其趨勢與左邊的盈利情況基本一致。

這個蝴蝶圖具體呈現了「公司執行長的報酬，會隨著公司整體盈利的提升而升高」。

除此之外，把蝴蝶圖兩端的長條圖變為柱狀圖放在同一側，同樣可以對比兩組資料規律，但要注意這兩者的作用並不完全一致。

如上頁圖7-13所示，重疊的柱狀圖組合是公司產能和競品B公司產能的比較；其重點是比較兩組資料的差異細節，而非整體趨勢的一致與否。展開的蝴蝶圖將讀者的注意力集中在對趨勢的判斷上，還解決了不同要素KPI度量不一致的問題：一面可以是金額，另一面完全可以是數量（在重疊的柱狀圖組合中，兩組資料KPI的計數單位必須一致）。

區間分布圖

區間分布圖主要用來描述資料的分布區間，還能揭示資料間的離散程度（statistical dispersion，又稱統計變異性，指觀測變數各個取值之間的差異程度）、異常值和分布差異。

盒鬚圖（box plot）是較為專業的區間分布圖，經常被用於股票行情或專業科學研究報告。盒鬚圖的專業門檻較高，需要具備一定的入門知識才能讀懂。

一般來說，盒鬚圖主要包含六個資料節點，將一組資料由大至小排序，分別代

圖 7-14　盒鬚圖

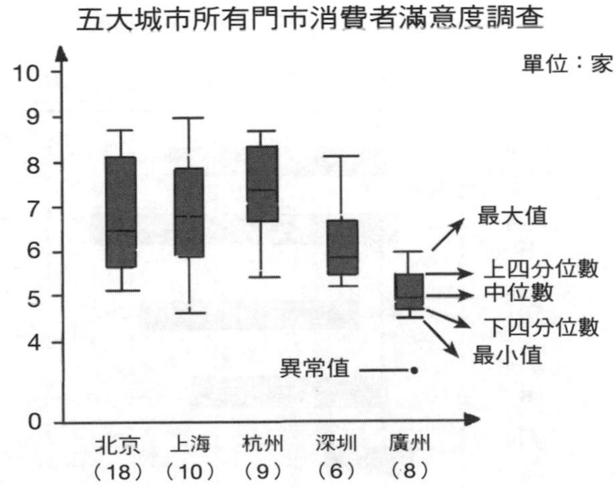

表最大值（maximum）、上四分位數[2]（upper quartile）、中位數、下四分位數（lower quartile）、最小值（minimum）和異常值（見圖7-14）。

盒子的高度反映了資料的波動程度。上下邊緣分別代表了該組資料的最大值和最小值。

有時線條或鬚線之外會有一些點，這就是資料中的異常值。

然而，相較於基礎元素，盒鬚圖不僅增加了不必要的學習成本，也降低了溝通效率，因此並不適用於一般

2　把所有數值由小到大排列並分成四等分，處於三個分割點位置的數值就是四分位數；即第三四分位數（Q3）。

圖 7-15　區間分布橫條圖

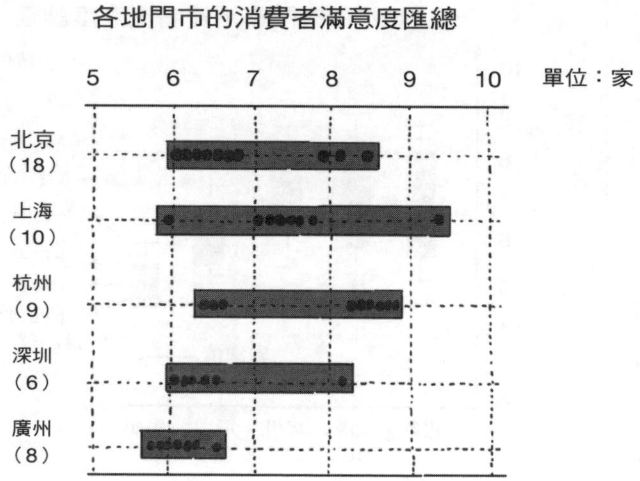

聽眾。

若要表示資料分布的情況，我們可以用相對直覺的柱狀圖和散布圖，或是複合型圖表來替代（見圖7-15）。

由於這種圖表的外形有點像笛子，我們也可以稱這種簡單的區間圖為「笛子圖」（按：臺灣稱作長條圖）。

以資料數列為依據，圖7-15是各地門市的消費者滿意度調查結果。

把各地門市組合在一起，按照得分（滿意度）畫出其對應的點，然後以最高點和最低點為頂點，畫出矩形元素的外沿並將所有點框起來。和盒鬚圖一樣，我們還可以透過增加資料節點，讓這個圖表更具體。例如，找出各地門市滿意度的平均值，在橫軸標出其位置，然後用分隔線貫穿整個圖表。

在每個城市的柱狀元素上標出中位數、滿意度點的分布，這樣圖表就更容易讀懂。

區間分布圖能展現許多資料，整體中最醒目的是城市級數據所在的區間（柱狀圖在橫軸的相對位置）和聚集程度（柱狀圖的長短），其次是資料節點的多少（點的數量）和疏密分布（點是否聚集）。

這些資料也能用來解讀，如廣州明顯是問題城市，評分差的門市多。還有，上海和杭州都是容易改進的城市，大多數門市成績優良，只有個別門市拉低了整體水準。聚焦這些特殊門市，就能明顯提升本來就不錯的整體滿意度。

3. 拆分五步法，圖表一看就懂

定量圖表是商務文書很重要的一部分，從選擇、構圖和繪製，在很大程度上決定了文書報告的水準。作為初學者，建議不要先學如前文所述的區間分布圖等高階而複雜的圖表類型，而應該聚焦基礎圖表的應用，透過反覆推敲與琢磨，提升選擇與製作定量圖表的技能。

定量圖表有一定規則，初學者可以從基礎做起，慢慢累積。

接下來，我將用具體案例介紹定量圖表的拆分五步法。請看以下案例數據。

在商務彙報的準備工作中，我們蒐集到以下一組原始資料：M公司主要產品在二〇二一年的銷售額和淨利數據。

如下頁表7-1所示，在簡報中，我們想表達的是，「公司銷量最大的產品保久乳A，在過去四個季度銷售額快速增長，為公司持續帶來豐厚利潤」。

表 7-1　M 公司 的原始資料

M 公司主要產品 2021 年銷售額				
				單位：億元
產品	Q1	Q2	Q3	Q4
保久乳 A	4	6	7.6	10
保久乳 B	2	3	3.5	4
優酪乳 C	1	1.2	1.1	1
鮮乳 D	0.7	0.8	1.1	1.4

M 公司主要產品 2021 年淨利				
				單位：億元
產品	Q1	Q2	Q3	Q4
保久乳 A	0.4	0.72	0.988	1.4
保久乳 B	0.2	0.27	0.315	0.36
優酪乳 C	0.08	0.108	0.088	0.07
鮮乳 D	0.105	1.112	0.143	0.168

初學者看到銷售額和淨利這兩張圖表，首先會想到成分比較關係：每一年各季度或每個季度的各個商品，都是整體數據的一部分。如果要凸顯保久乳A在整體中的占比，我們可將銷售額和淨利數據，繪製成四個圓形圖。

如下頁圖7-16所示，每個圓形圖代表保久乳A各季度的銷售額占比。

這樣做的效果並不令人滿意。我們能看出，保久乳A在四個季度的銷售占比都很高，但各季度的變化卻不明顯，而且銷售額已經有四個圓形圖，再加上淨利的四個圓形圖，整體呈現就顯得過於雜亂。

如何才能製作出既美觀又能精準表達的圖表？

首先，我們要分析自己想要表達的主張。在上節場景組合中講過，拆分圖表設計的方法，就是先列出核心觀點，再將觀點拆解成幾個不同的短句，評估一下每個短句各自繪成圖表的可能性；其次，我們以主要觀點的短句為中心，嘗試場景組合，反覆調整，就能製作出有料、直觀且專業的商務圖表。

「公司銷量最大的產品保久乳A，在過去四個季度銷售額快速增長，為公司持續帶來豐厚利潤」，這個觀點可以被拆分成三個短句：

圖 7-16　**保久乳 A 的各季度銷售額占比**

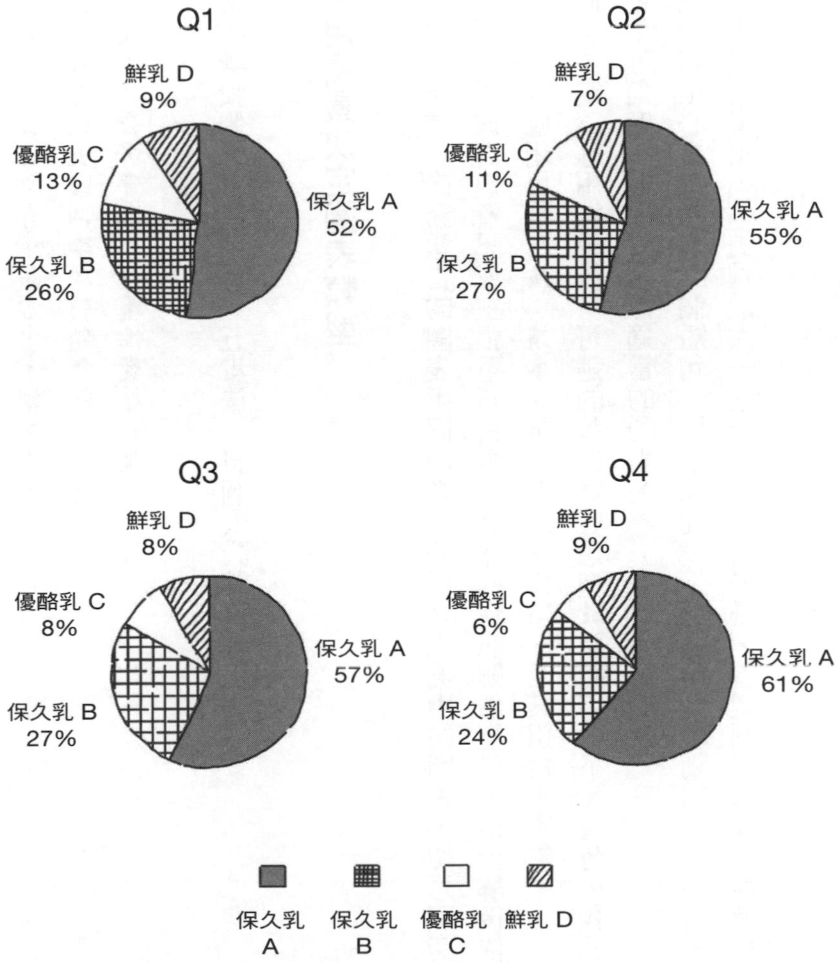

「保久乳A在公司所有產品當中，銷量最大。」
「保久乳A在過去四個季度的銷售額快速增長。」
「保久乳A為公司帶來了持續性豐厚利潤。」

接下來，讓我們試著運用拆分五步法，將圖表設計再進化。

步驟一：用場景決定圖表類型

如本章開篇所言，商務報告的圖表不同於數字分析及挖掘中的圖表，切忌照套分析圖表，而要根據溝通資訊或主張重新繪製。溝通的資訊雖然複雜，但拆解後依然可以用五類基礎應用場景（按：請參見第一九三頁圖7-1）及其組合來應對。

在我們正確定義應用場景後，可選的基礎圖表類型就屈指可數了。這時，我們可以從視覺化等角度，進一步選擇適當的圖表。

我們已經將中心主張拆成三個短句，以下探究一下每個短句所屬的應用場景。

對應五大應用場景，「銷量最大」是表示成分的場景，首選圓形圖或一堆疊加

圖 7-17　圓形圖＋時序柱狀圖

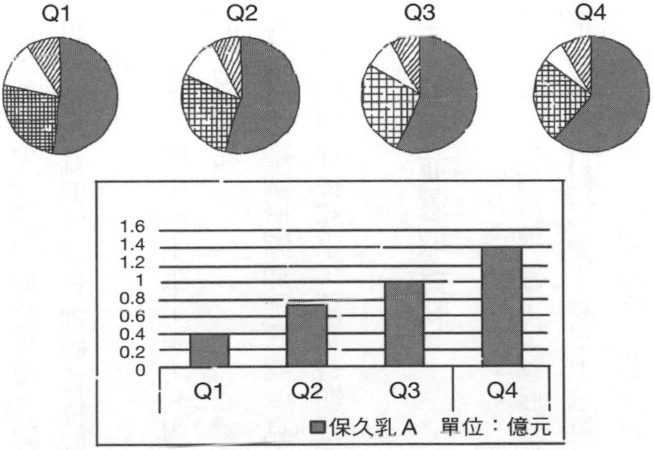

柱狀圖；而「四個季度」是時間序列，用柱狀圖或線圖比較妥當。

我們先將銷售額圖表畫出來，淨利的圖表也就迎刃而解了（見上方圖7-17）。

根據主要觀點拆分應用場景，然後選擇正確的圖表類型，是至關重要的第一步。它能確保我們找到最合適的定量圖表，並為之後的細節調整奠定良好的基礎。雖然要表達的中心是既定的，但創作圖表時，我們仍然要從聽眾容易接受的角度再次審視中心主張。

如果要表達的內容過多或過於複雜，很難用一頁或一個圖表來呈現，就可以嘗試拆解中心資訊，並用多頁簡報來呈現。

反之，如果中心資訊過於單薄，整個圖表內容過於簡單，就要思考是否需要更多的資訊（資訊寬度）或更細的顆粒度（資訊深度），甚至試著重新濃縮中心資訊，提取洞見。

以前述案例的中心主張來說，其內容複雜度適中，用一張PPT便足以呈現前面提到的三個觀點。

根據場景選擇圓形圖加柱狀圖（見上頁圖7-17）之後，我們要繼續探究資料之間的聯繫，將圖表連接起來，讓資料顯得更完整。

步驟二：整理並選取資料

在第一步，我們已經確定了圓形圖加時序柱狀圖的第一版定量圖表，然而我們需要呈現的備選資料繁多：除了上述資料，還有各種財務及營運數據（如毛利率、現金流、庫存等）。但圖表能承載的資料有限，我們如何為圖表選取合適的資料？

答案依然是：參考你的主張，選取資料及圖表呈現形式。我們要**檢視中心資訊**

圖 7-18　銷量最大：保久乳 A 全年總銷售額占比

2021 年保久乳 A 貢獻 57%的銷售額

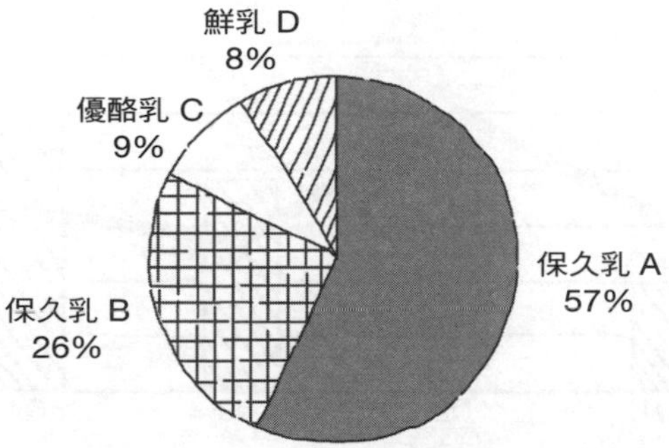

並圈出關鍵字，拆解出的三個短句中，有三個描述保久乳A的核心資料的短語：銷量最大（銷售額占比大）、銷售快速增長（銷售額季度變化），以及持續性豐厚利潤（淨利高且持續增長）。

「**銷量最大**」（銷售額占比大）：用圓形圖來表示最近季度或全年保久乳A在銷售額中的占比（見圖7-18）。

「**銷售額快速增長**」（銷售額季度變化）：時間序列柱狀圖加折線圖，以表示銷售額與增加速度（見下頁圖7-19）。

「**持續性豐厚利潤**」（淨利高且持續增長）：用時間序列柱狀圖加折線圖，來顯示淨利的大小（見下頁圖7-20）。

圖 7-19　銷售額快速增長：銷售額和增長

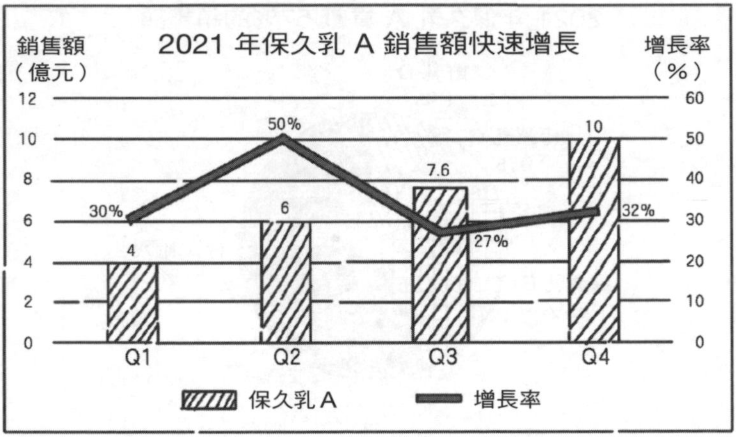

在選取資料層面，我們不需要更多的資料。案例充分提供了銷售額、淨利和兩者的季度變化資料。

在銷售額的時間序列柱狀圖的基礎上，銷售額快速增長（銷售額季度變化），須標出增長率時，即可利用折線圖（見圖7-19）。

而持續性豐厚利潤（淨利高且持續增長），則要求我們增加淨利的相關展示（見下頁圖7-20），我們後面會再完整說明。

步驟三：適當增減

第三步，我們要推敲已有圖表的

圖 7-20　**豐厚利潤：淨利和增長**

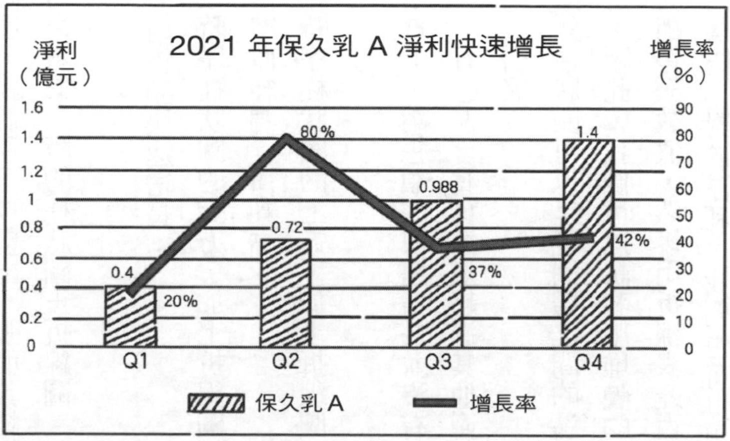

資料細節，適當的增減，看能否使圖表的表達更有效率。第二版的定量圖表由兩個部分組成：圓形圖和柱狀圖＋折線圖。

我們先看看第一個圓形圖。「保久乳A在公司所有產品中銷量最大」，這裡用了四個季度的各商品銷售占比。從數據角度看，與四個季度相對應的，還有全年銷售額占比。

如果只顯示某個季度的資料，可能會有資料挑選偏誤的風險；但同時顯示四個季度的資料則過於細節。相比之下，使用各產品全年總銷售額占比的圓形圖，可以更有效的闡述：保久乳A在公司所有產品中銷量最大。

同理，我們還可以畫出一張與其結構相同，各產品全年淨利占比的圓形圖。接著，再來看第二版的柱狀圖＋折線圖。柱狀圖有以下兩個任務：

1. 銷售額快速增長：
在時序柱狀圖的上方，加上折線圖，表示銷售額與增加速度。

2. 豐厚利潤（淨利高）：
在時序柱狀圖的上方，加上折線圖，顯示淨利的大小和增速。

事實上，銷售額的快速增長並沒有完全展現出來：對比其他產品，保久乳A的增速（一五〇％）其實遠遠超過其他產品的銷售額總和增加速度（七三％），是真正的增長引擎。

雖然柱狀圖可以呈現個體之間的區別，但在顯示趨勢變化的百分比時卻略顯力道不足。因此，我們可以試著用堆疊的柱狀圖，來顯示每個季度的保久乳A和其他產品的銷售額數值，然後用折線表達百分比。

同樣的，對於淨利，我們也可以用堆疊柱狀圖和折線圖，來表示數值與趨勢

圖 7-21　柱狀圖＋線圖重構

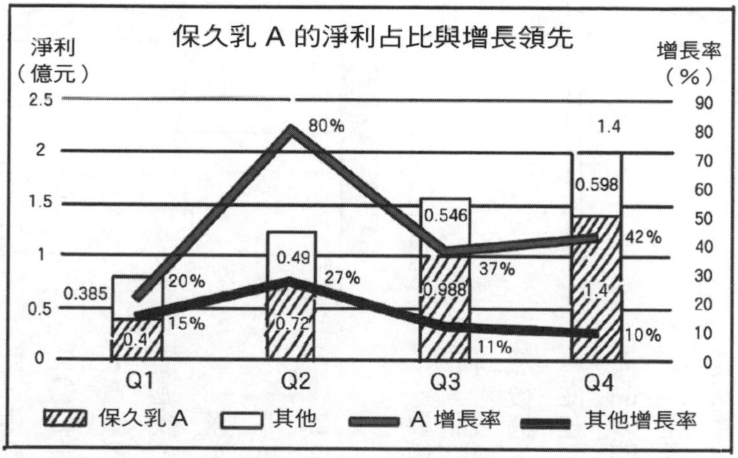

（見圖7-21）。

步驟四：優化中心主張

面對兩個圓形圖和對應的兩組柱狀圖＋折線圖，我們需要再次審視要表達的中心主張。

透過第三步的資料分析和增減，「公司銷量最大的保久乳A在過去四個季度快速增長，為公司帶來持續性豐厚利潤」，這有沒有更具體、更有衝擊力的表述方式？

我們發現，保久乳A的增速其實遠遠超過公司其他產品，是其他產品的兩倍左右，是真正的增長引擎。因

圖 7-22　並行元素或複合元素

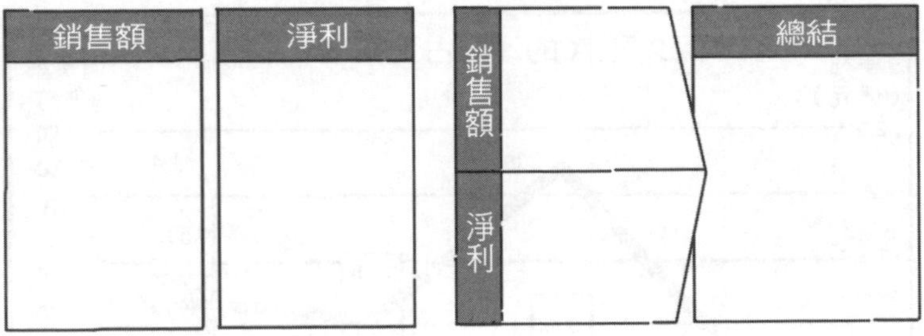

此，中心主張可以初步調整為：「保久乳A是公司二〇二一年的王牌商品，不僅是銷售額和淨利的最大貢獻者，還是最為有力的增長引擎」。這樣重新描述後，本頁的主題如下。

保久乳A是王牌商品。理由：

1. 銷售額高（絕對值和增加速度）；
2. 淨利高（絕對值和增加速度）。

要衡量公司業績的KPI，無非是銷售額和淨利，因此我們可以根據這個邏輯設計簡報的元素，然後插入文字或數據。就像上方圖7-22的複合元素（從左到右），由強調銷售額和淨利，可以推導出產品A的總結判斷。

經過前四步的整理，可製作出第三版圖表（下頁圖7-23）。

圖 7-23　第三版圖表：用複合元件連接圖表和結論

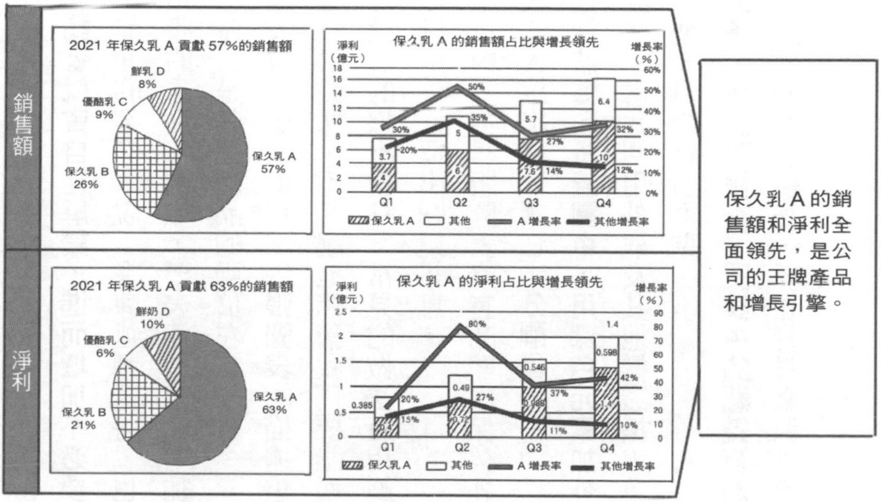

步驟五：細節精進和檢查

經過以上四步，圖表的基本框架和資料點都已經到位，下一步是視覺美化和最終檢查。首先是檢視細節。

圖表也要有判斷性的小標題。在設計圖表時，我們要考慮讀者的閱讀習慣和溝通的便利性。每張圖表就像一整頁微型的PPT，也要有判斷性的標題，除非圖表內容非常簡單。

在閱讀圖表時，讀者會先看到標題並從中獲得圖表的觀點。**如果標題缺失或標題不具備判斷**

性質，讀者就會自己解讀，進而增加不必要的溝通成本和風險。

以前面的案例來說：在陳述判斷時，也可以單獨說明關鍵資料，引導讀者關注講者預設的重點。例如，要表達銷售額增加速度，可以標出「保久乳A全年增速達一五〇%，是其他產品的兩倍左右」。

圖表還要標出重點。每張圖表的描述重點往往是一個或少數幾個，我們不能期望讀者慧眼識珠、不能讓他們猜我們要凸顯哪個部分的資料，因此，我們**要在圖表上想方設法的標出重點**。常見的做法有用鮮豔的顏色標注、加粗字體等，必要時我們還可以用外框框出關鍵訊息。

案例中，第三版圖表沒有凸顯出保久乳A的資料組，但在圓形圖中，我們可以把保久乳A拉出來，讓它十分醒目。

在柱狀圖和折線圖中，用深色元素加外框的效果也不錯。

記住，當我們用外框及其他標識指出重點時要加注釋，告訴讀者這個標識的作用是什麼，例如討論重點。

最後，我們要檢查：**圖表中的關鍵資料要標出來源，這樣會顯得專業嚴謹**；如果是團隊做的問卷調查，要在資料來源上標出團隊調查；如果資料來自上市公司報告，在頁尾標出資料來源：公司 10-K 財務報表（年報）即可。其他細節，如圖表的單位、描述，還有圖表對齊、顏色、字體字型大小等，也要仔細檢查一遍。

經過這五步，我們的整頁圖表終於完成了（見下頁圖 7-24）！最後，我們來看圖說話，確認圖表講述的中心是否與表達的一致。最終版本讀起來相當順暢：左邊兩組複合式定量圖表分別從銷售額和淨利，說明了保久乳 A 貢獻巨大；又用折線圖表示增加速度，說明保久乳 A 是很有後勁的增長引擎。為了讓洞見更明顯，右邊的文字框還將核心觀點闡述了一遍。

這張由定量圖表組成的簡報單頁，就算是過關了。

上述五步在商務文檔準備中並非主流。很多時候，人們囿於時間壓力，將不做任何處理的原始資料直接複製貼上，就認為完成了溝通的任務。我們經常見到無關而分散的資料，很多沒有標題、計數單位，甚至沒有 x 軸、y 軸標注的 Excel 圖表，也被堆砌在商務文檔中，無形中給讀者造成了閱讀障礙。

養成良好的製圖習慣的關鍵，還是要從建立正確態度開始：確保高效率呈現是主講者的責任；主講者要從便於讀者理解的角度，盡可能準備好資料和圖表的基礎

圖 7-24 加上出處並做些美化的成品圖表

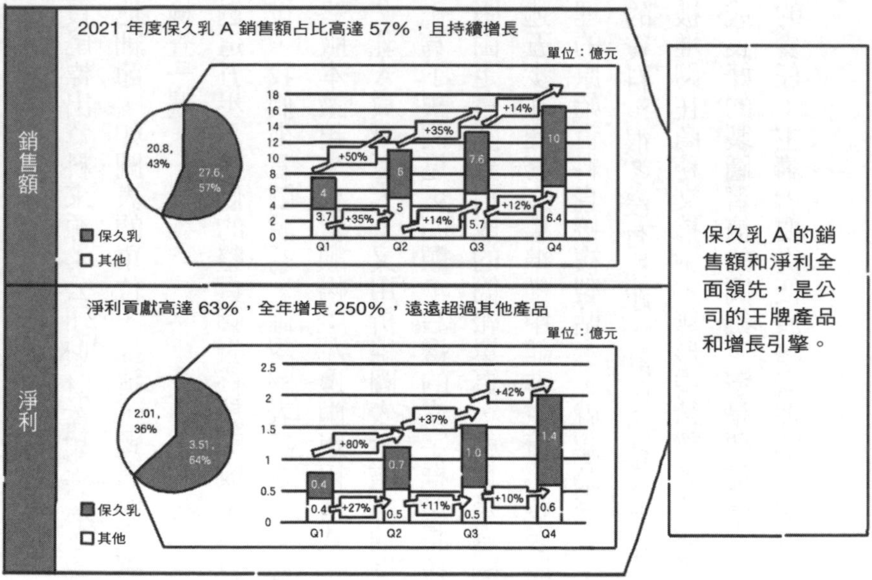

工作，而完成定量圖表製作的五步，是最基礎的要求。

只要持之以恆，踐行者自然會在激烈的職場競爭中脫穎而出。

4. 定性圖表：描述核心邏輯

相對於定量圖表，定性圖表應用的次數較少，但十分重要。高階商務文書中最為關鍵的「殺手圖表」，便屬於定性圖表。定性圖表的繪製，是從SWOT天團升級到PPT收割機的必備技能。

定性圖表，又稱概念圖表（conceptual chart），是用圖表的視覺呈現方式表現框架、結構、關係和流程等非量化內容。定性圖表能將因果、相關性和時間、空間等關係呈現在文書中，便於讀者理解。

在工具應用上，大部分以資料為基礎的定量圖表，都可以用 Excel 做出來，而這裡聚焦的非量化定性圖表，也能在簡報的資料庫中，找到基礎的形狀和組合。

在商務文書中，一般都是交替使用定性圖表和定量圖表：**定性圖表用來描述核心邏輯，定量圖表用來支持論點**。這樣，一個優秀的報告就有了堅實的基礎。

在《像高手一樣解決問題》中，作者將定性圖表分為四大類：結構、流程、互動和框架（見下頁圖7-25）。

細心的讀者一定會發現定性圖表的分類，與簡報構圖元素的關係劃分有相似之處。原因很簡單：定性圖表和構圖元素都是用來描述邏輯關係的工具，其基礎類型必然會重疊。但兩者的功能截然不同：定性圖表是圖表的一種，是簡報的一部分，需要用資料和邏輯表述或支持某觀點；構圖元素是用來構建簡報頁面的大架構，本身並不具有邏輯推演的細節。

不同類型的定性圖表有各自的特點。

- **結構圖表**（structure）：表示總分式等各種結構的靜態連接。構圖元素的並行、總分式圖皆屬於結構圖表。例如，公司的組織結構圖就屬於結構圖表。
- **流程圖表**（flow）：表示因果和遞進，也可以表示時間連接。構圖元素中的流程、遞進甚至篩選也可以與之對應。例如，消費者決策旅程就屬於流程圖表。
- **互動圖表**（interaction）：表示互相或相對的衝擊，包括構圖元素中的部分流程，尤其是帶有循環互動的流程、有互動的總分式圖，例如使用者體驗的觸點圖表。

圖 7-25 定性圖表的四大分類

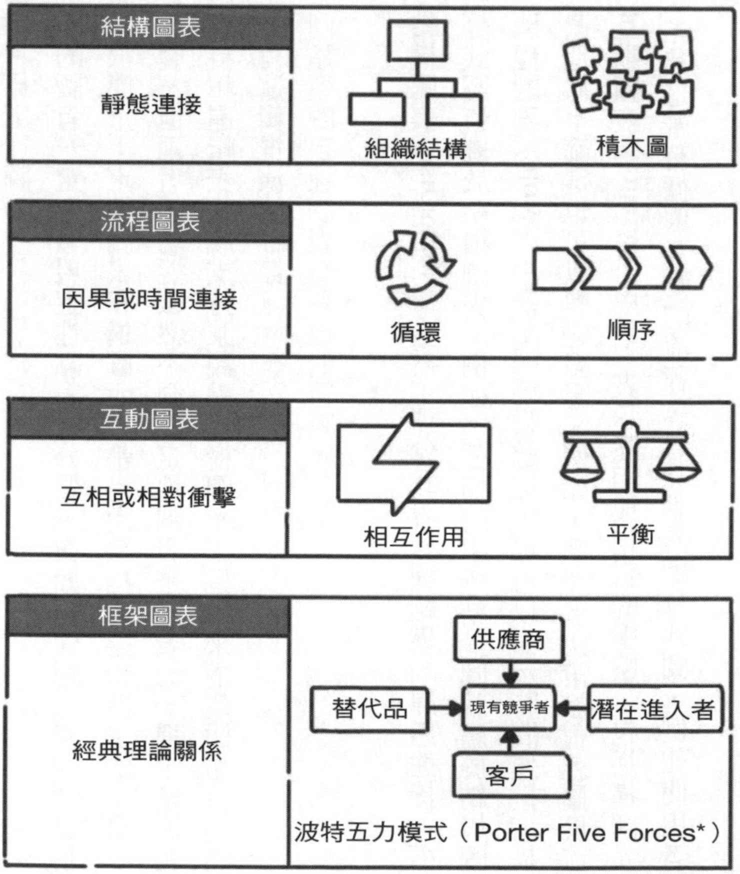

*由麥克．波特（Michael Porter）在 1979 年提出，一種以競爭戰略方式分析市場競品的模式。

● **框架圖表**（framework）：表示各種知名理論框架和自創框架，採用相對自由多樣的形式，例如經典的波特五力模型。

定性圖表雖然重要，但數量不能過多，還需要定量圖表和資料支持。在《像高手一樣解決問題》中，關於定性圖表（概念圖）的應用有一段精闢的描述：

「但是，我們還是建議你小心謹慎的使用概念圖。如果在一個應該使用定量圖的地方使用了概念圖，你的結論可能會被認為不夠嚴謹，或者聽眾會認為你就是懶得花時間蒐集必要的證據。」

定性圖表是拆解戰略問題的產物，如果拆解的深度不夠，就很容易停留在淺層問題上。例如《把大象裝進冰箱只需三步》一書中提到的邏輯拆解：第一步打開冰箱門；第二步放進大象；第三步關上冰箱門。也就是在說，普通的流程拆解缺乏思考深度，毫無指導意義，是不折不扣的避重就輕、敷衍塞責。

然而，「把大象裝進冰箱」這類的定性分析並不少見。例如，上級安排菜鳥小

圖 7-26 **產業研究流程**

白，做個快速消費品（按：也稱作民生消費性用品）具體的產業研究，並詢問他的思路。

這時，菜鳥不假思索的用流程圖表（見圖7-26）來回答：第一步訪談和調查；第二步書寫和修改；第三步交付並呈現。然後，他的彙報就停留在了流程層面，沒有展開更多的細節。我們可以想像上級是多麼無語，因為沒有具體制定方案及下一層面的細節，這個框架就是空談。

定性圖表品質低劣的情況並非由形式造成，其根源在於：講者思考的深度和廣度不夠。

同樣的問題，如果小白可以在調查方向上用波特五力模型經典框架圖表，**從供應商**、**客戶**、**現有競爭者**、**替代品**、**潛在進入者**五個要素，分別討論經營主體與其議價的能力（bargaining power）；然後根據該產業的具體情況，著重分析某個要素（如消費者），那麼這張定性圖表便能傳達講者將要進行的市場調查方向以及關鍵取捨，如此就更有價值。在此

圖 7-27　波特五力模型

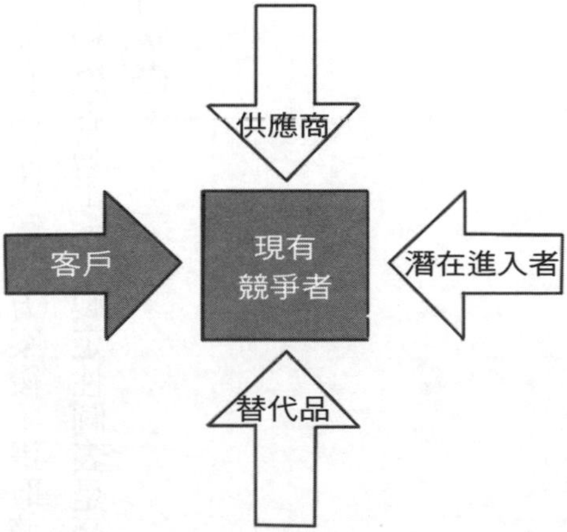

基礎上，小白還可以初步增加下一層細節，例如，關注哪個具體的消費客群及其原因、關注哪些競爭對手、從哪些角度比較等。

與之前「把大象裝進冰箱」類的流程圖相比，精進的波特五力定性圖表（見圖7-27）展現內容的能力顯而易見，更能激發有建設性的討論。

基於新圖表，上級可以給出方向判斷及具體建議：例如，消費者調查可以參見××行業研究報告；競品分析主要看××公司；在關注焦點上，潛在進入者不容小覷，要關注互聯網大廠目前的具體布局等。高品質定性圖表的存在，使整個討論更深入，也更有價值。

定性圖表數量雖少但意義重大，在商務文書中，往往作為文書邏輯的主線或核心論點來呈現。

在設計定性圖表時，其核心是提取圖表所展現的邏輯本身，不是為了畫圖而畫圖。在擁有洞見級解決方案後，選取適當的定性圖表類型（結構、流程、互動和框架）就相對容易了。繪製定性圖表是高效溝通的高階能力項目，也是繪製「殺手圖表」的基礎。

5. 殺手圖表：回答關鍵性問題

在MBB戰略專案最終呈現的幾百頁彙報文書中，總有幾頁圖表是用來展示整份報告的核心觀點和思路，臺上的人也總能直接回答難以答覆的關鍵性問題，以及反覆引用和深化報告的其他內容。

這樣的關鍵圖表，在麥肯錫內部被稱為「殺手圖表」。

在戰略專案的最終彙報中，**殺手圖表登場的時刻，是彰顯戰略團隊思維深度和廣度，以及解決問題能力的時刻**。這張殺手圖表，就是我們的答案！

本章開頭將圖表分為定量和定性兩大類，其主要目的是說明初學者意識到圖表的大類，練好圖表創作基本功。然而在實戰中，定量和定性圖表並不是涇渭分明的；很多時候定量和定性互相交織，共同完成高效商務溝通的任務。殺手圖表在很多時候是定性和定量結合的圖表，用邏輯和數字共同闡述核心觀點。

無論殺手圖表是定量還是定性，都必須是多維度的（按：指從各種不同的觀點來思考）。因此，有時殺手圖表也被稱為「多維度圖表」。單一維度切分限制了資訊的豐富度，也讓圖表顯得十分單薄。而且，資料規律和描述都還停留在表象層面，那些資料規律背後的成因，才是我們關注的要點，即洞見。當我們用多維度結構化思維找到複雜戰略問題的洞見時，其解決方法本身往往也是多維度、多層次的。這時單一維度的圖表，如圓形圖、折線圖、流程圖等就變得捉襟見肘；此時，多維度圖表就成為不二之選。

要掌握多維度繪製圖表的技巧，我們必須從多維度思考開始。建議回顧《麥肯錫結構化戰略思維》一書，看一看從多維度定義、分解、驗證到解決戰略屬性問題的全過程[3]。由於本書聚焦呈現層面的技巧，關於結構化思維的內核此處不再贅述。

在形式上，多維度圖表沒有固定的型態，但凡能展現多維度的定量和定性資訊的圖表，都有可能成為備選。

從維度多少這個標準看，由於簡單的圖表（如圓形圖和流程圖）只能表現單一維度（如組成百分比、流程），這時相對複雜的多維度區間圖、框架圖、泡泡圖[4]（bubble chart）等可成為備選。

為了便於學習，我們從基礎的多維度圖表開始。例如上面這張有x軸、y軸的專案優先順序分析圖（見下頁圖7-28），雖然設計簡單，但它是多維度圖表的經典。

按照定量和定性分類，專案優先順序圖表的外部框架是定性的。x軸、y軸不是具體的定量數值，而是主觀判斷，是邏輯上的劃分。

圖表由兩個坐標軸組成（幾乎所有關鍵圖表都是從兩個坐標軸開始的）：x軸代表戰略重要性，越向右代表戰略重要性越高；y軸代表執行難度，越向上代表執行難度越高。在每個軸中部都有一條分隔線，這樣就出現了2×2的方塊矩陣，每個方塊又被稱為「象限」。每個象限都是兩個核心維度的不同值域（Rarge）組合，用來歸納專案特色。

多維度圖表威力巨大：x軸、y軸將所有項目分成有意義的四類，幫助我們推演合適的方案。四個象限都有自己鮮明的特色，能帶來全新的解決方案。

---

3 作者在第一本著作中強調，多維度思考可以幫助工作者簡化問題、提升溝通效率，並找到新的商業洞見。

4 一般用來展示三個變數之間的關係；與散布圖類似，繪製時將一個變數放在橫軸，另一個變數放在縱軸，而第三個變數則用氣泡的大小來表示。

圖 7-28 專案優先順序分析

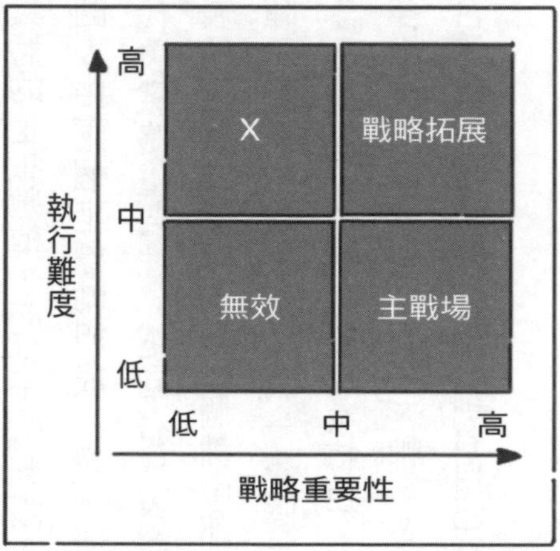

例如，戰略重要性高而執行難度低的專案，是公司最應該做且必須做好的項目，是主戰場；戰略重要性高而執行難度也高的項目，往往是戰略拓展，也就是我們常說的「難而正確的事」。在主戰場賺取利潤，而對戰略拓展有時要傾盡全力、放手一搏。

在x軸、y軸的基礎上，我們還可以堆疊更多的維度，例如加上代表預計收入多少的氣泡。這樣，有了戰略重要性、執行難度和收入規模這三個維度，就為戰略討論提供了豐富且視覺化的決策基礎，從而提升了溝通效率。

繪製殺手圖表，不僅要有戰略思

考與表達能力，還需要些許創造力。由於殺手圖表大都用來回答核心戰略問題，例如**消費者趨勢**、**行業態勢**、**對標分析**、**優勢分析**、**開發新商品**等問題，對麥肯錫諮詢師來說，醞釀和製作殺手圖表，就成為專案中最關鍵的任務。

殺手圖表沒有所謂的最佳流程，但要遵循之前圖表設計的基本原則，從便於讀者理解的角度來設計。因為殺手圖表是多維度的，前期戰略分析中的關鍵維度往往被用來當多維度圖表的x軸、y軸。

例如，在做某快速消費品的趨勢調查時，團隊篩選出消費者評判飲料的維度有品牌、原材料品質、價格、口味、功能、場景等。在設計和構建消費趨勢多維度圖表時，大概都在以上維度中，但是將它們組合在一起構建殺手圖表，仍然需要長時間的練習。初學者可以先從x軸、y軸類的泡泡圖表開始，同時多學習高手的多維度圖譜，從中獲取靈感。

只要我們學會尋找，殺手圖表就隨處可見。MBA理論中有很多經過時間考驗的經典戰略框架，如細分市場知覺圖（Perceptual maps）和波士頓矩陣（BCG Matrix，BCG矩陣）等，都是我們學習的好榜樣。

多維度圖表也經常出現在各行各業調查和消費者洞察的文書中，你可以多關注

ＭＢＢ類公司的消費者報告，一份專業的產業研究報告中，至少有一張多維度的殺手圖表。麥肯錫有一個專門的學習組織——麥肯錫全球研究院（McKinsey Global Institute，簡稱ＭＧＩ），其中許多資深合夥人會定期帶領團隊製作各類產業報告。其中的經典殺手圖表值得初學者反覆鑽研和學習，嘗試逆向建構、還原作者的設計思路，對自身能力的培養會很有幫助。

下面給大家介紹三張風格迥異的殺手圖表。

殺手圖表：示範一

我們先來看一下二〇一七年十二月麥肯錫全球研究院發布的《中國數位化進程研究》產業報告中的殺手圖表。這是一份長達一百七十六頁、豎版備忘錄形式的調查報告，我在麥肯錫商業技術辦公室（ＢＴＯ[5]）的很多前戰友，參與了該報告的編纂工作。

在這份洋洋灑灑長達上百頁的報告中，核心圖表就是下面這張行業數位化排名（見第二四八頁圖7-29），它統領了整個報告。這張殺手圖表用可量化的標準評估了中國所有產業的數位化水準，並按照數位化程度的高低遞減排列。此圖除了涵蓋了行業、評判維度及得分、國內生產毛額占比（Gross Domestic Product，簡稱GDP）、勞動力占比和內容分組[6]五個維度，繪製得也很仔細，是一個名副其實的多維度殺手圖表。

這張殺手圖表同時具有定性和定量的部分。例如每個圖案的判斷在很大程度上是定性分析，但麥肯錫團隊準備了Excel資料組，來支持每個圖案的定性判斷；而GDP占比和勞動力占比則明顯是定量判斷。

圖表以熱圖（heat map；以針對兩個維度的交集來顯示度量，並以顏色編碼）為主要形式，縱列是中國部分產業的MECE列舉，橫行是被拆分到第二層級的數位化評判標準。每個圖案的方框是產業與評判標準KPI的交集，圖案代表數位化程度的判斷。

根據右上角的注釋，用不同圖案表示五種判斷：深色圖案指數位化程度高，白

5 Business Technology Office，是麥肯錫的全球化組織之一，聚焦用科技戰略賦能企業。後來更名為數位化麥肯錫（Digital McKinsey）。

6 Content Grouping，也稱內容分類。

圖 7-29　中國各產業數位化進程分析（部分）*

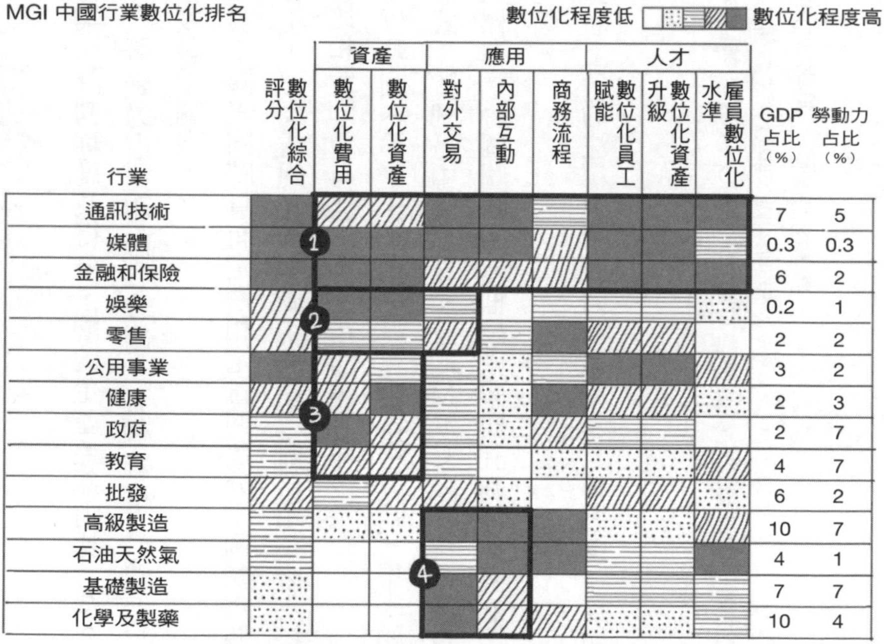

* McKinsey Global Institute Digital China.Powering the economy to global competitiveness[EB/OL].（2017-12-03）[2022-10-26].

色圖案則指數位化程度低，橫線圖案是居中的判斷。

圖表的橫向拆解很關鍵，充分顯示了講者結構化「切」的深厚功力：抽象的數位化概念被切分為兩層，分解成可量化的資料。

第一層，從資產、應用和人才三個維度，分析數位化程度；第二層，又以三個維度分別往下再挖一層細節。例如，資產中細分了「數位化費用」和「數位化資產」兩個部分，便於用相對公認的量化指標來衡量。

講者並沒有就此止步。在熱圖的最右側又添加了兩列相關的行業指標：GDP占比和勞動力占比。GDP占比主要說明這個領域的規模，GDP占比越高，領域就越寬。勞動力占比則代表勞動密集的程度，勞動力占比越高，越靠近勞動密集型產業。

這張圖表資訊密集，能給讀者帶來很多啟發，甚至可以作為大型互聯網公司跨界傳統行業時的參考。假設你是大型互聯網公司的戰略部門成員，現在需要聚集資源跨界進入某一個傳統領域。在資源有限的情況下，你會首選哪個領域？領域要足夠大（GDP占比高），數位化程度方面要有基礎，最好不是個性化服務類的勞動密集型產業（勞動力占比低）。

這張圖表提供了所有要素的分析！不難發現，金融產業符合領域寬、數位化基礎好、非勞動密集型的要求，這也正是大型互聯網公司曾經的必爭之地。用同樣的邏輯來看教育產業。領域足夠寬，但數位化基礎差，並且屬於個性化服務類的勞動密集型產業。按照之前的評判邏輯，大型互聯網公司跨界到教育界的難度，相比於跨界到金融產業要大得多。而且，ＡＩ等科技能否替代千百萬教師的個性化服務還有待驗證，大型互聯網公司進入教育界做具體產品和服務，在戰略選擇方面還有待商榷。

殺手圖表：示範二

我們來看第二張殺手圖表。與示範一相比，這張圖表資訊密度更大，是維度的極致疊加。這張圖表基於虛擬案例，是為了學習而創造的。

液態乳龍頭企業Ａ公司成本居高不下。經過調查，團隊發現對比競爭對手Ｂ公司，Ａ公司有過多ＳＫＵ（存貨單位，常指代存貨或庫存量）導致生產中的低效和浪費，同時還有互相競爭和混淆消費者品牌認知等負面影響。團隊需要表達「過多的ＳＫＵ造成公司成本浪費高達二％」的中心觀點，而第二五二頁圖7-30支持了此觀點。

第一眼看到資訊密集型的殺手圖表，會感覺有點凌亂。這張圖也不例外：繁多的小方格，其中又擠滿了數字、箭頭和柱狀圖。雖然我們需要花些時間理解這張圖，甚至需要講者引導才能全部弄懂，但它的確是個不錯的殺手圖表。因為這一張圖，將公司SKU過多的現狀和後果描繪得透澈清晰。

我們一起來解讀。從整體看，圖表外框總結構是較為傳統的x軸、y軸二維度圖表。縱軸是以價格為評判標準，分為低、中、高端三類；橫軸是液態乳產品分類，最左邊是鮮乳，然後按照附加值從低到高排序一直排到優酪乳。x軸、y軸定位的每個小方格可以解釋為每類產品的價格帶。

看到這裡並沒有太多的驚喜。每個小方格中間的資訊才是表述的重點。小方格內首先用表示關係性的柱狀圖，來顯示A公司跟競爭對手B公司，在具體細分市場的SKU數量。

例如，在標1的方格中，A公司有二十五個SKU，而B公司只有六個。方格左上角箭頭表示，這個市場在過去一年中，總銷量是增長還是減少；標一的方格中的左上箭頭朝下，說明這個市場的總銷量減少了。

圖 7-30 SKU過多導致成本浪費

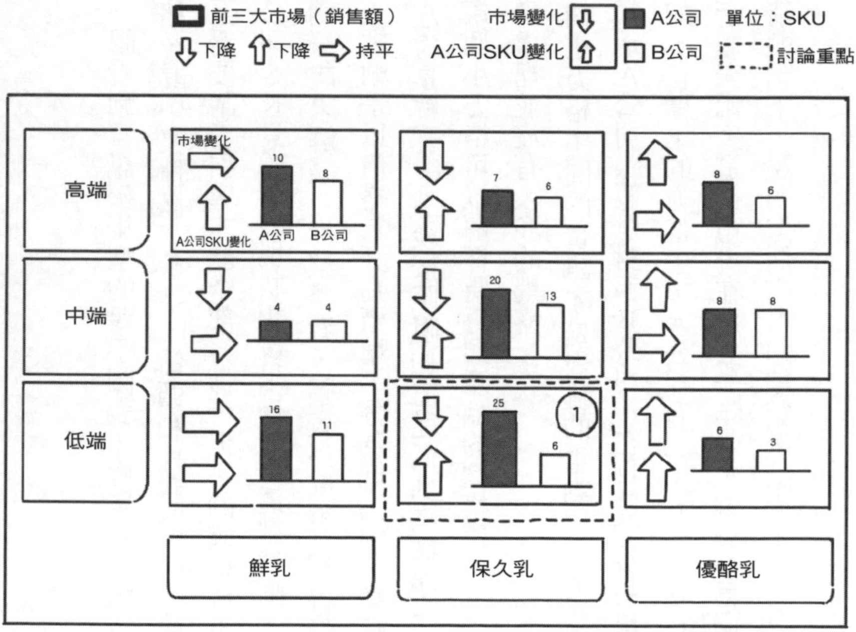

方格左下角還有個箭頭，這個箭頭說明A公司在這個品項中的SKU，在過去一年是增多還是減少。標1的方格中的左下箭頭朝上，說明SKU增多。最後，用方格邊框來代表，這個市場中A公司銷售是否超過B公司，實線表示超過，虛線表示沒有超過。標1的方格邊框為虛線，說明A公司的產品銷量沒有超過B公司。

在小小的方塊中，堆疊了四個維度的資料，要表達的意思不言而喻：「在鮮乳這個日漸萎縮的市場，本公司用了競爭對手四倍多數量的SKU在競爭，而且還在增加新SKU，但銷售額還是輸給了競爭對手。」類似趨勢的細分市場還有中端保久乳，在標1的方格的正上方。A公司在這兩個細分市場，改善SKU的緊迫性躍然紙上。

一張圖表中濃縮的全方位資料，能把SKU過多的問題描述得如此到位，實屬難得。如果商務呈現中有如此分量的圖表，講者可以停在這裡幾分鐘，詳細講解聽眾感興趣的領域，及其SKU優化的空間。這張圖也自然成為，後面整體解決方案的堅實基礎。

殺手圖表：示範三

前兩張圖表都是結合定性和定量的殺手圖表，用高超的切分和呈現密集的數據贏得聽眾的信服。現在，我們來看一下純定性圖表。

白色家電生產公司（按：白色家電，指生活類的家庭用電器）要做增長戰略，希望解決的問題很直接：除了主要的白色家電，公司還可以做什麼品項，以達到增加營收的既定目標。下頁圖7-31是品項拓展戰略討論會上用的殺手圖表。

在品項拓展分析圖表中，x軸為品項相關性，y軸是公司自訂的核心競爭優勢。x軸列出符合MECE原則的所有品項，並按照與白色家電的相關性大小遞減排列。也就是說，新品項離白色家電越近，意味著與白色家電的相關性越強；反之，相關性越弱。

沿x軸、y軸的刻度垂直於所在軸，這些直線交匯成網狀的方格矩陣。每一個方格代表一次判斷，也回答了品項拓展的關鍵問題：新品項與企業已有各核心競爭力能否匹配。用「✓」來表示某個具體核心競爭力支持此新品項，用「×」表示不支持，用「○」表示不確定。

這個圖表可以從縱向和橫向兩個視角來分析。縱向✓較多的品項與公司已有

圖 7-31　純定性圖表

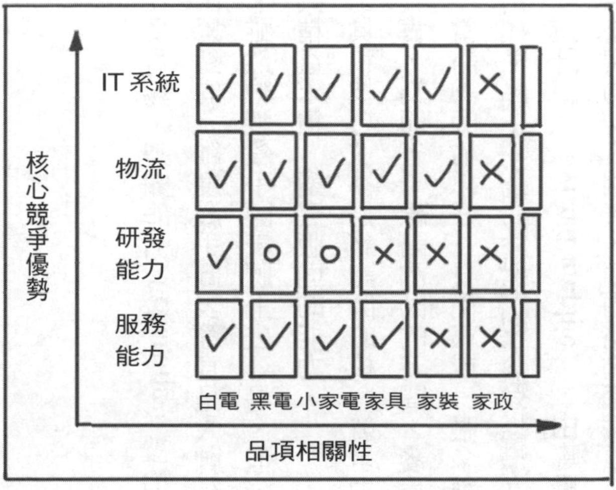

的核心優勢相關性強，可以優先討論；橫向看哪些能力可以作為第三方服務輸出。縱向的黑色家電（按：可提供娛樂的家電，如音響、電視）、小家電和家具，橫向的IT系統、物流和服務能力都是不錯的候選項目。

這個圖表雖然沒有定量資料支持，但依然是個不折不扣的殺手圖表，可以引導初期的品項拓展戰略討論。框架不但把複雜而籠統的拓展問題，分解成有討論價值的具體模組，其MECE結構還能確保管理者從全局的角度，討論所有相鄰、相近、相關的拓展機會。

6 學會多維度製圖，所有人都崇拜你

在麥肯錫，製圖能力（charting）被抬到了至高無上的位置。諮詢師如果能持續產出驚豔的多維度殺手圖表簡直是大神級的存在，各專案負責人爭相邀請其加入團隊。雖然繪製殺手圖表聽上去容易，但絕不是初學者理解的嫻熟運用製圖工具，或畫圖精益求精、講究版面的能力。

工具和技巧並不是諮詢師的核心競爭力。

其實，為節省一線諮詢師的時間，麥肯錫早已將基礎的製圖工作外包給圖表設計師。當諮詢師構思好一頁簡報或一張多維度圖表時，他只需要在草稿紙上畫出大概，例如x軸、y軸及氣泡的大概位置等，然後用手機拍照並發送給公司內部的「視覺設計組」（visual graphic），由專職繪圖人員將圖表繪製成形即可。由視覺設計組繪製的初步圖表，須由諮詢師調整後，才能生成最終版本。

這裡，戰略諮詢師將簡報及其圖表的細節製作環節外包，而保留了最具增值價值的生成洞見和呈現創意。

為彰顯調查研究的精細度以及思考的深度和廣度，千萬級戰略專案的簡報必須包含多張核心殺手圖表。殺手圖表的作用是統領核心洞見和方案，尤其在篩選品項拓展戰略的標準篩選、判斷增長戰略中對消費和產品趨勢，以及分析市場進入戰略的行業和主要競品等內容，更是不可或缺。

作為戰略規畫的靈魂，殺手圖表的創作技巧也遠遠超越基本製圖類技巧，是結構化戰略思考與表達的頂級體現。

作為高階溝通技能，製作殺手圖表是先想清楚再說明白，然後製作高效溝通視覺產品的過程。我們只要從基礎做起，持續精進思考和溝通的能力，就能掌握用關鍵圖表說話這一高效商務溝通的能力。

第四部

呈現篇

第八章

聚光燈下，如何講好故事？

1. 你不是主角，你的主張才是

商務文書終於寫好了！你再次仔細檢查每頁的圖表和語句，確認洞見提取到位且描述精準，資料和圖表都準確可靠。牢記本書強調的「文如其人」，認真的你甚至不放過標點符號和對齊。這時，你對商務文書的完整度及專業度信心滿滿，可高階商務溝通的終極大考——現場呈現尚未開始。

現場是輸不起的最後衝刺。不管簡報準備得何等完美，如果開場就因緊張而語塞或講了不合適的尷尬笑話，聽眾很可能僅憑現場的瑕疵，就對彙報內容本身產生疑問，甚至不會認真傾聽。如果發生類似的情況，那麼之前為準備而付出的所有努力都會毀於一旦，十分可惜。

然而，準備不周或疏忽造成溝通失敗，其實是完全可以、也應該避免的。

本章我們將討論商務溝通的最後一步——現場呈現如何做到位。

商務彙報講者的常見錯誤認知是，過度解讀自己與彙報效果之間的關係，承受不必要的表演壓力。其實，商務彙報作為一種公眾講演，與競爭類講演、畢業演講等激勵類講演，以及脫口秀和相聲等娛樂類講演有本質上的不同：**商務彙報更關注商務主張，以及支持它的資料與邏輯**，也就是我們常說的「對事不對人」；而且，不太關注講者的特色和風格。

商務溝通中，對講者的要求首先是專業，講者自然也無須是個性鮮明甚至有些張揚的演員。洞見也十分重要，**講者是真知灼見的媒介，而不應該成為溝通的焦點本身**。因為講者雖然能輔助和強調，但仍然要避免因過分強調自身，而陷入喧賓奪主的窘境。

尤其在高階商務場合中，應避免娛樂感較強的風格。我們身邊優秀的講者往往有自己鮮明的特色和風格，很多都自帶喜感和親和力。有些人自帶幽默感，會讓聽眾笑聲四起。然而，這類風格即使作為破冰的小技巧，也一定要慎用。

因為在高階商務交流中，大家要做的決策往往舉足輕重，關乎個人、團隊甚至企業的未來，十分嚴肅。這種娛樂性的風格便與決策的嚴肅性格格不入。也就是說，使用比較正式的用語，是最基本的要求。

其他個人特色和風格，例如誇張的臉部表情、演默劇般誇張的手勢動作等，如

圖 8-1　提升自己的 3 個層面

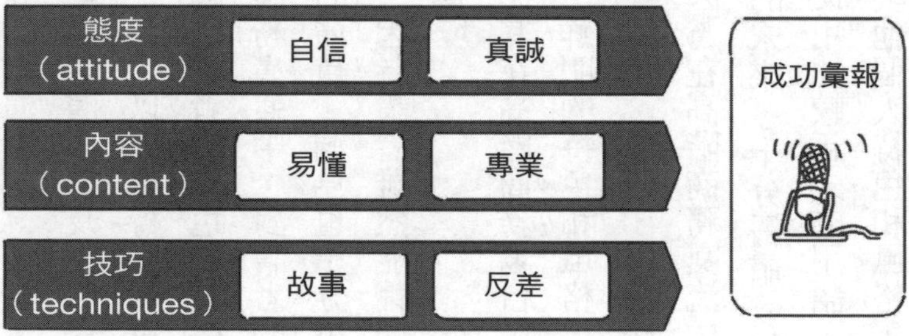

果嚴格依據專業標準，都要慎用。這些基本要求與麥肯錫在簡報中杜絕花俏的動畫和色彩是同樣的邏輯：應盡量避免華而不實的技巧對溝通造成不必要的干擾。

作為真知灼見的媒介和管道，為了彰顯專業，商務彙報講者要從態度、內容和技巧三個層面提升自己（見圖 8-1）。在態度上，做到自信和真誠；在內容上，做到易懂和專業；在技巧上，學習基礎的開場、控場和收尾時的講故事、製造反差等技巧。

關於態度（attitude），要警惕前文提到的錯誤認知。彙報者是真知灼見的傳播者，自信應主要來自內容，而不是個人的特色。能做到對內容有自信，就達到了商務溝通呈現的基本要求。

關於內容（content），前文對於彙報，詳細講解了文書準備和書寫的原則及技巧，這裡不再重複。接下來，我們要來介紹呈現的技巧（techiques），以及如何開場、控場和收尾。

2. 開場，怎麼抓住聽眾注意力

投影機的光柱打在臉上，你拿起麥克風和簡報筆緩緩走到會場中心。站定後的幾秒到兩分鐘至關重要，這個時段被稱為「開場」。開場為整場溝通奠定了基調和主線；要「一炮打響」，我們就必須仔細規畫開場的內容及方式。

開場是講者從開講到進入核心內容之前展示的內容，要在短時間內吸引聽眾的注意力，並且讓聽眾認為接下來的內容值得聆聽。開場階段要完成三個核心任務：第一，快速獲得聽眾關注；第二，清晰闡明內容梗概，通常要簡單介紹整體背景和內容大綱；第三，也是最難的部分，是建立必要的信任和連結。

快速獲得聽眾關注，在開場時相對容易。開場有得天獨厚的優勢：**講者只有在這時才可以毫無顧慮的使用各種演講技巧，讓聽眾注意自己**。例如，如果聽眾處在閒聊狀態並且會場秩序混亂，講者的某些激進做法也會被接受，如提高嗓門，用力拍手，甚至大力敲幾下桌子。畢竟這是開場，講者有責任、也有權利讓大家聚焦。

清晰闡明內容梗概，也有方法可循。只要遵循開場內容介紹四要素，我們就可以簡要的闡明溝通的背景和內容大綱。

開場內容，介紹四要素

要完成第二點「清晰闡明內容梗概」，正式的開場內容中一般包括以下四要素。

- **人員介紹**：簡單介紹團隊和講者，如有必要，還應介紹與會人員。
- **背景綜述**：此次溝通的背景和必要性。
- **核心內容**：中心議題及對聽眾的期望。
- **流程安排**：會議時長、各階段安排，並徵求意見。

以下，我將以虛擬的戰略轉型案例為背景，專案負責人最終呈現的開場白中涵蓋了上述四要素。

人員介紹：

「大家好，很榮幸在中期彙報後時隔一個月，再次為大家做專案彙報。看到這一次有新面孔參加，我先做個簡短的自我介紹。我叫××，也是此次戰略專案的負責人，本次彙報的主講人。在我身邊的，是我公司核心團隊成員××、××和×××。他們有各自負責的內容，必要時將輔助我完成此次的報告。」

POINT

如果有必要，也可以禮貌的請求對方發言人介紹與會人員。介紹人員之後，繼續介紹此次彙報的背景和內容。

背景綜述：

「在開始彙報之前，我先快速回顧一下專案目前的進展。三個月前，麥肯錫團隊正式啟動為期十二週的戰略轉型專案。感謝總經辦作為業務窗口，在專案中提供的支援與幫助。大約四週前，團隊進行了中期彙報，蒐集了多方的建議和回饋。基於中期回饋，小組繼續深入調查研究，完成了這次彙報的成果。此次是最終彙報，我們團隊將完整呈現成果。」

POINT

可適當詢問與會人員對專案背景和預期的意見，但要嚴控時間，聚焦彙報核心。

核心內容：

「我將分享團隊調查研究和分析的成果。首先，我會先從分析與判斷產業發展方向、消費趨勢和競爭態勢開始，然後再針對競品和行業水準，從收入和成本分析公司的現狀。最後，再從品牌、銷售、營運和組織四大面向，闡述團隊為了達成公司在五年內增長銷售額二〇〇%的戰略目標規畫和方案。」

POINT

核心內容簡介通常是粗略分享整體彙報，目的是管理聽者預期，因此不必展開細節。在會議前，我們通常會提前兩到三天，溝通預計要談的內容及流程，並透過電子郵件等正式管道，向與會者發布會議通知。

流程安排：

「按照會前制定的議程，本次會議預計兩小時，具體安排如下。我方先就戰略核心內容進行六十分鐘的彙報：市場、競品和自身分析三十分鐘，執行方法和方案三十分鐘。在每階段結束後，都會預留約十五分鐘的問答時間。最後還有三十分鐘的綜合問答和討論時間。考慮到此次決策的重要性，我們預約了三小時的會議時間；如果有需要，我們還有充足的時間確保討論充分而透澈。」

POINT

會議各流程的時間設定要預留調整空間。進展順利時，會議可能進行得很快，反之則不然。在會議議程設計上留有空間，就有更多的調整餘地。同時，主講人或主持人需要聚焦核心問題，在確保核心內容的前提下，允許在議題之外適當的延伸討論。會議主持人要有很強的時間管理能力，必要時可提議安排其他時段，深入討論主題之外的話題。

建立必要的信任與連結

「建立必要的信任與連結」聽上去簡單，要做到卻充滿挑戰，需要講者有技巧且一絲不苟的實施。優秀的開場能幫助講者與聽眾建立連結、抓住聽眾的注意力、增強聽眾的好奇心，讓雙方短時間內建立信任並營造積極感。

一般來說，商務溝通要專業，應盡量避免濫用技巧而喧賓奪主。但在開場時，同時也要特別注意：不用任何開場技巧，直接進入主題的情況。這種風格雖然高效，但往往顯得機械、冷漠、突兀。聽眾甚至會覺得這次溝通對講者而言，只是事不關己的一次性任務，容易產生負面感受。

我們要充分的準備開場，提前蒐集與討論主題和與會者相關的資訊。透過簡單的資訊蒐集，我們可以用一、兩句話來建立信任與連結。

例如，在某些普遍而非敏感的話題上，找到共鳴。常用的話題有地點類（如自己出生或長大的地區）、教育經歷類（曾就讀的學校和所學專業）、下一代（養育的共同點）等。

不過，**運用個人做連結可能是把雙刃劍**，要動用情商做初步判斷：**共同的經歷可以瞬間拉近人與人的距離並建立信任，但稍有不慎，很可能適得其反**。

舉個例子，諮詢師小白從香港到北京客戶總部，彙報戰略專案的階段性成果。小白發現與會的客戶公司執行長X是自己母校的學長。而且，他知道X對母校感到十分自豪，是當地校友會的負責人之一；X所在公司的傑出校友比例也出奇的高。主講人小白想借助這個紐帶，建立連接與初步信任。

小白：「在開始團隊的階段性成果展示之前，我作為專案組組長，要再次感謝X先生的邀請。」

他將目光鎖定X，適度的眼神交流，接著說：「您可能不知道，我作為您二〇〇五年的本科學弟，曾在校友論壇上和您有過一面之緣，聆聽過您的分享。今天十分榮幸負責此次的戰略轉型設計，還希望學長多多指教！」

即使這樣簡短而尺度得當的開場，依然存在風險。開場要盡量與大多數人建立連結，然而**與單一決策者建立個人層面的連結，卻可能會被聽眾過度解讀或錯誤解讀**。X本人可能也很不舒服：他的確認為母校是培養菁英的搖籃，也經常照顧校友，但當眾點破這件事，就有套交情或要優待等不利於專業判斷的嫌疑。給其他關鍵人帶來不悅的風險更明顯：有人或許崇尚草根人物，對出身名校或名校本身有抵觸心理。這樣，開場所提的額外資訊非但沒有建立信任，反而埋下了不必要的隱患。

相對於對人，對事連結就顯得更加可靠而且低風險。常用的技巧包括講故事、列舉特殊觀點、提問互動、引述名言和統計數字、埋伏筆或保持神祕、製造反差等，還可以借助實物道具或影片等多媒體道具輔助開場。這裡著重介紹開場寶器：講故事。

講故事是建立連結的高效方式。商務溝通中的戰略邏輯是抽象的，數據資料是晦澀的，但故事是立體生動且刺激強烈的，我們都願意聽故事。

在開場講述為什麼要做這個項目時，有創意的故事能讓聽眾感同身受，可以快速展現其必要性、重要程度和緊迫性，也可以讓聽眾體會到講者的專業度。如此一來，信任也就油然而生。

講故事雖然是近乎藝術的創作，但依然有方可循。故事天才無法複製，但我們至少可以努力成為溝通的匠人。更何況，**商務溝通裡不需要演員，更沒必要是天才**。我們保證開場故事有關聯、簡短、有趣和有衝擊力就足夠了。

首先，故事的關聯是第一順位。這裡的關聯不僅指與主題相關，還包括了講者觀點的相關程度。其次，開場故事必須簡短。故事是帶出主題的引子，引子長了就會有冗長的感覺。開場一般嚴格控制在兩分鐘之內[1]。內容層面要有趣、有衝擊力，需要我們認真思考和設計。

舉例來說，團隊要呈現成本戰略，其核心觀點是藉由改善產品與包裝設計、流程來節約成本，但由於產品長期處於行業寡頭地位（按：壟斷市場）且盈利能力很穩定，導致公司不夠重視成本。那麼，講者在呈現細節前，就要準備一個有衝擊性的開場，否則與會者會習慣性的認為成本問題都是小題大做。

開場應先從講故事開始：「今天先給大家講一個墊圈的故事！」

此時，他稍作停頓，讓大家把注意力集中在自己身上。然後，他緩緩拿起一個不起眼的塑膠墊圈，開始講故事：「這個墊圈是這次產品的外包裝，沒有功能價值的裝飾品，但墊圈的視覺效果，可以透過重新設計低成本。僅去除這多餘的部件，就會給公司每年節約××噸塑膠，節省××千萬元的成本。」

故事中提及的裝飾墊圈如圖8-2所示。

然後，講者再次舉起墊圈：「這種微小但影響很大的機會成本，在產品設計和包裝流程中並不罕見！在調查中，團隊發現了二十餘項類似的成本機

圖 8-2　從小墊圈，說出精彩故事

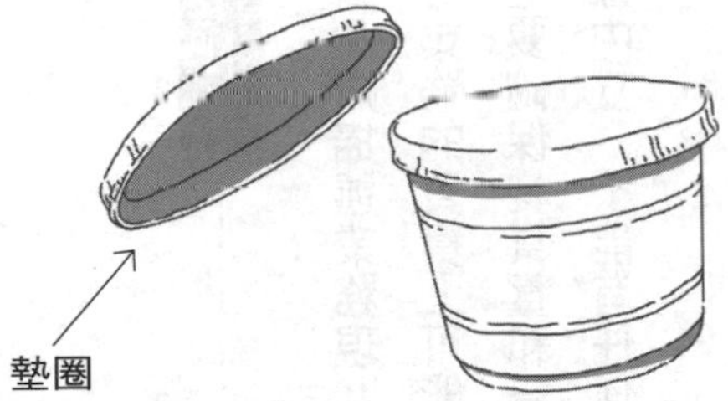

1　JEAVONS S. Storytelling Techniques for Your Next Business Presentation[EB/OL].[2022-10-26].

會，每年可為公司節省×億元。這相當於我們最大的製造工廠A的全年利潤！」

這個簡短的故事以點帶面，用大家熟悉的小零件，把整個專案的必要性和衝擊表現得淋漓盡致，既激發了聽眾傾聽細節內容的興趣，也為整場彙報定下了良好的基調。

POINT

對此類描述業務現狀的故事，聽眾通常擁有較豐富的專業知識且比較敏感，主管相應業務的負責人可能就在聽眾之中，其感受可想而知。因此，現狀描述類的故事一定要確保其真實和普遍程度。在數據層面，杜絕紕漏；在態度和語氣方面，保持客觀中立，不能有任何嘲諷貶低的解讀。

再如融資說明：在為新款電動車（見下頁圖8-3）融資的商業計畫書中，其核心觀點是：產品的低能耗，業界領先。

開場時，可以進行以下提問互動，例如：詢問在座與會者有多少人開車上班，

圖 8-3　小型電動車

如果開車，每天開多少公里？找到平均值後，估算一下每年開車消耗的燃油費用（為避免當場計算的風險，可以事先準備好數字），也可以依有公信力的調查研究報告，把駕車里程數的中位數折合成費用，並預先寫在簡報中，互動之後立即展示這個數字。

例如，「每年油耗將近一萬元！十年就是十萬元」，然後轉到「本公司小型電動車的低能耗領先業界其他品牌」這一觀點上。

接著，還可以對比燃油車，強調新產品行駛同等里程數所需的充電費用，例如：「燃油費用的×分之一」、「這臺電動車十年節省下來的油費，就可以再買兩部新車」！

互動中的切身感受打開了聽眾的消費者視角，有憑有據的呈現產品的核心優勢。如果輔以車型概念圖和使用者回饋影片，就能激發投資者的興趣，讓他們期待更多具體細節的呈現。

POINT

透過互動式提問引出故事，常用於介紹聽眾注意到的產品和服務，例如快速消費品。當然，互動也有參與意願過低或現場答案不符合預期的風險。為避免冷場和預期偏差，我們可以事先安排「友好」的聽眾炒熱氣氛，確保拋出來的問題有回應且與自己的論點匹配。

3. 控場，站姿、眼神都是技巧

在高階商務溝通中，控場是指講者用必要的技巧和手段，保證簡報過程有良好的節奏。美國心理學家艾伯特．麥拉賓（Albert Mehrabian）提出的著名的「七比三十八比五十五溝通法則」指出：五五%的資訊是透過視覺傳達，如手勢、表情、外表、裝扮、肢體語言、儀態等；三八%的資訊是透過聽覺傳達，如說話的語調、聲音的抑揚頓挫等；只有七%來自純粹的語言表達。

溝通中最重要的視覺和聽覺屬於姿態類呈現技巧，商務溝通中主要指講者的眼神、手勢、站姿和語速、語氣及語調等。

眼神交流

眼睛是心靈的視窗，我們有時甚至會根據眼神交流的結果來判斷，例如說謊的孩子眼神會閃躲。

對於講者，自然的眼神交流是與聽眾交流和建立信任的工具。眼神應用不當，如無眼神交流、面朝簡報（背對聽眾）、看著自己的腳尖講內容、長時間盯著某一個人講解而忽略其他人，都會造成溝通障礙。

POINT

為了確保足夠的眼神交流，脫稿呈現是基本要求。我們可以準備好的文案（包括簡報）作為輔助工具，但不能將其作為內容的唯一來源。

心理溝通專家麗莎．埃文斯（Lisa Evans）建議我們在眼神交流時，做到以下幾點。

1. 杜絕放棄關注聽眾的眼睛，看著人的眼睛而不是空椅子；一定要盯著眼睛交流，如果人多，就選擇會議室中不同位置的聽眾。

2. 眼神交流要短暫而兼顧。每次眼神交流的時間在一秒到兩秒，盡量將目光廣泛而均勻的投向臺下聽眾。根據內容和講話的停頓，來推動眼神交流的更迭。如果場地大、人數多（超過兩百人），眼神交流可以集中在中間的某些人身上，這樣整個房間的聽眾都會有種私密會談的感覺。

3. 從眼神中獲得回饋，但不要被負面回饋影響。根據眼神中得到的回饋判斷聽眾的情緒，適當調整內容和節奏，但不要被無回饋干擾，也不要被負面回饋影響簡報的節奏。

4. 忘記自己如何眼神交流，才能做到最好。

眼神交流需要強大的自信和堅持不懈的練習。你可以在呈現時，請友人錄一些影片，然後觀察自己在呈現中與聽眾的互動，自我覆盤；同時，可以多看其他的公開講演影片，向高手們學習眼神交流等技巧。

POINT

簡報有時也會成為眼神溝通的障礙，例如臺下的人都在看簡報，講者無法促成雙向交流。這時，可以讓電腦的螢幕調成全白或全黑，強迫聽眾將目光重新投到講者身上。

力量站姿

由於動作幅度大和空間感明顯，**站姿比眼神更容易被聽眾關注**。如果姿態控制不當，簡報可能立即變成「翻車事故現場」。我們經常見到的錯誤有滿場亂走、身體不自覺的搖擺、手拿文稿顫抖等，這些尷尬的場面讓講者顯得不自然、沒自信、不專業，會對溝通效果產生巨大的負面影響。

除了讓聽眾感到不適，哈佛大學（Harvard University）一個充滿爭議的調查曾宣稱，**站姿同樣會影響講者的自信度**。

這個結論與我們的經驗也基本一致：良好的站姿在心理層面對講者會產生積極

圖 8-4　站姿對比

a 弱勢站姿　b 力量站姿　c 力量站姿高能版

的暗示作用，尤其是對缺乏信心的人，選擇正確的站姿明顯有積極影響。

例如，講者手拿講稿時出現明顯的抖動，這種尷尬姿態會讓講者擔心聽眾察覺到自己的不自信，從而加劇自信下降。此時，如果立即放下講稿，改成力量站姿並深呼吸調整節奏，僅透過動作上的改變就會讓講者適度放鬆，有機會重拾完成呈現任務的信心。

什麼是正確的姿態？商務彙報時常用的力量站姿，如圖8-4b所示，可作為學習的起點。

- 身體站直，腳分開與肩平齊。
- 放鬆雙肩並保持自然持平，不要僵

硬，但也不要過於懈怠。

- 放鬆肩膀，手臂自然垂放，隨時準備與臺下互動。
- 直接面對聽眾，如果聽眾比較分散，講者就要有意識的讓身體轉向，照顧到大多數聽眾。

這個站姿只是開始，可以再根據具體情境調整。

在極端情況下，內容需要講者強勢表達（如破產重組方案〔Bankruptcy reorganization〕），講者可以採用力量站姿：雙腿分開幅度更大，手放於腰間，如上頁圖8-4c所示，就會顯得自信許多。

站姿還包括移動位置。**在小型會議室彙報時**，由於空間受限，不建議過度移動位置，**僅讓上身適度轉動就足夠**了。在人數較多的場合，我們要有計畫的緩慢走動，外加眼神交流，這會讓聽眾感到被關注。我們還可以適當運用手勢，讓呈現更加自然。

最後提醒大家：商務溝通強調專業，即內容為王。本節提到的眼神、站姿、手勢等技巧都是輔助技巧，盡量保守應用；我們要避免誇張或頻繁變換姿態擾亂視聽、喧賓奪主。

語速、語氣和語調

語速，就是商務呈現時說話的速度。語速過快是講者緊張時常見的表現，經常會導致口誤；即使沒有出錯，語速過快也會給聽眾帶來壓迫感，影響溝通效果。

呼吸的節奏會直接影響語速，但我們可以透過控制呼吸節奏適度的調整。簡單的呼吸練習如下：

- 自然站立，深呼吸，讓肺部充滿空氣。
- 緩慢吸氣三秒，然後呼氣四秒。
- 重複上一步驟，直到自己放鬆下來。

在臨場開講之前，這個簡單的呼吸練習，可以讓自己放鬆並找到節奏。在報告過程中，如果意識到自己語速過快，也可以利用空檔，適當做類似的調整。

除了語速，還有其他要素會影響呈現效果，例如語氣和語調。在商務溝通中，語氣應盡量保持中肯客觀，做到對事不對人。正如麥拉賓教授指出的，從聽眾的接受程度來看，有時說的方式比說的內容還要重要。對於同樣一句話，語氣、語調和語速的細微變化，會直接影響資訊的傳達。同樣一句話，用懷疑的語氣或上揚的語調，都可以讓陳述有不同的解讀。

單一語調有催眠的作用，講述中要盡量避免長時間無頓挫的使用平調。大聲說出句子中的某些重要詞語，並**適當運用停頓來斷句，這些都能給講述增添活力和感染力**。

聲音控制類技巧，需要長時間的練習和積累。各位不妨多看一些知名人士的演講，學習如何透過語氣、語調和語速的變化，表達不同情緒和內涵。

初期重在模仿，我們要在鏡子前多練習，也可以將自己的報告拍成影片，用第三方的視角，檢視自己的優缺點。如果條件允許，尋找學習夥伴互動練習，也是效果很不錯的方式。學習夥伴可以充當聽眾，與自己互動並提出建議，這樣更有臨場感，而且彼此互助，成長也會更快。

4. 收尾，用一到兩分鐘重複重點

脫口秀等娛樂類講演對結尾要求很高：最後的包袱往往是高潮，使聽眾笑聲迭起，脫口秀演員也順勢在掌聲中鞠躬謝幕。

雖然高階商務溝通不是脫口秀，但結尾也對聽眾意義重大，同樣備受重視。心理測試證實，人通常只能記住商務溝通的開始和收尾[2]，容易忘記中間的內容。而且，商務溝通討論的問題及其解決方法往往較為複雜，討論過程中會談到各種細節；如果缺少強有力的收尾、會讓溝通顯得雜亂無章、失去重點。因此在結尾，一定要抓住機會重複重點，讓聽眾更印象深刻。

與開場相似，結尾也不宜過長，應該控制在一分鐘到兩分鐘內完成；或是也可

2 HARTLEYP, BRUCKMANNC, CHATTERTON P.Business Communication[M]. Abingdon-on-Thames: Taylor&Francis Group, 2002:305.

以借用故事線來重複重點。

回顧一下在第四章介紹的故事線五元素：為什麼（Why）、做什麼（What）、如何做（How）、由誰做（Who）和成本是多少（How much）。基本上，用一句話總結每個要素並連貫敘述，就可以算是成功的收尾。

有技巧的結尾會給聽眾留下深刻的印象，值得花心思設計。

如果開場用故事開頭，結尾最好呼應那個故事，並適當的昇華。例如之前舉例的電動車商業融資計畫書，在結尾時把節能省錢提升到情懷高度，或許會給對方更大、更積極的啟發。

「作為公司創辦人，我有一個夢想：人們開車不再為能源費用擔心，這個世界同時也變得更加綠色宜居！」

5. 被追問、被岔題，怎麼辦？

問答（Q&A）是商務溝通中最後的互動環節。

問答是開放式的，可控性比較差，因此要精心準備，認真對待。尤其在討論敏感話題時，例如在討論企業轉型方案時，聽眾往往帶著情緒和預判參加會議，會有意的連續用尖銳問題，摧毀我們精心準備的呈現計畫。

明確規則是問答中常用的攻防對策。

例如，一開始時就明確的將問答安排在特定時段，一般設置在簡報的最後。**如果聽眾在過程中提出尖銳的問題，講者可以引述之前的規則，暫時擱置他的問題，報告後統一回覆。**

這樣，講者就有機會向決策者完整報告觀點，而不會被「陷阱」問題帶偏或打斷。對報告高手來說，問答甚至可以是講者的輔助工具。成熟的講者有時會故意安排某些問題作為引子，帶出成型的方案。

如果聽眾最關心的重點問題，講者卻沒有準備充分的答案，應該如何應對？

如果連要點問題都沒有答案，我們就要認真思考此次商務溝通是否必要。在第二章溝通戰略中提到面對至難要點問題，心存僥倖、閃爍其詞是徒勞的。**要點問題總會被追問，延後回答反而會對聽者情緒產生負面作用。**

而且，要點問題會依聽眾不同而有所差異。例如，在少年兒童素質教育公司的融資計畫書中，投資人會關心「獲客成本高」和「政策合規」這些行業面臨的共同挑戰。再如，在電動車融資計畫書中，創辦人提到能耗降低至業界平均水準的五〇%，投資人就可能會追問：如何能達到這樣的水準？

面對要點問題，講者假裝問題不存在，其後果是災難性的，因為這些要點問題都是聽者做決策的關鍵要素，不回答就等同於溝通失敗。

結構化高效溝通建立在結構化思考的基礎上，是想清楚之後的說明白。切記，溝通技巧永遠無法彌補或替代思考上的缺失或瑕疵。

麥肯錫諮詢團隊面對最終的交付會議，總是嚴陣以待、傾盡全力，從來沒有所謂的「過度的準備」。價值千萬的戰略專案的交付會議，是最後一場的關鍵戰役，一般會是持續半天的閉門會議，專案的主要決策者和各相關方也都會被邀請到現場，與團隊討論提出的解決方案。

此外，麥肯錫還會直接評估公司的營運管理能力等，指出癥結並提出建議。然而，戰略專案總跳脫不了利益，所提出的變革方案不僅會衝擊與會相關方的既有利益，甚至有人會為此失去工作。

如何應對突發事件？

在此類重要的商務場合，與會者個個神情嚴肅、有備而來，諮詢師面臨的壓力可想而知。為了做到萬無一失，除了多次演練並確認交付細節，我們還要準備應對可預見的突發事件。

作為主講人，在認知層面需要明確：自己要負責商務呈現的最終效果。任何可能對溝通效果產生負面影響的因素，都在主講人的責任範圍內，甚至包括會議室設備故障等。

在視訊會議日益普遍的當下，電腦鏡頭、網速、影音展示等出現問題，都可能影響商務溝通效果。主講人要親自或派專人提前到達會場，依照詳盡的準備專案名錄（按：指聯絡人）並依次確認，保證會議環境萬無一失。

視訊會議給會議準備帶來了全新的挑戰。如果有多方接入，管理線上眾多與會者就會變得困難重重。正式會議中有超過十方的與會者時，我們可以設置會議主持人來協助管理。

主持人的職責包括但不限於幫助主講人驗證與會者、批准入會、為與會者開啟或解除靜音、呈現檔案和播放多媒體資料、管理發言、分組討論、問答和管理投票等；針對視訊會議中突發的網路和設備問題，也要有應急方案，例如除了視訊會議連結，電話撥入資訊也要附在會議邀請中。我們還可以事先把最終文書的電子檔（杜絕敏感資訊並加密保護）發給網路訊號不穩定的與會者。

除了環境因素，人和內容因素的風險也要納入考慮。在極端情況下，我方主講人不能參加時，團隊中要有其他人可以及時遞補；對方主要決策者如果因故不能參加，我方也要認真權衡利弊，必要時延後此次溝通。此外，內容上的突發事件風險也不能忽視。

例如，現場操作 App 或網站功能，畫面有時會顯示不順暢、甚至當機，那麼我們就要仔細推敲現場操作是否必要。如果非必要，可用圖示或當場的資源，來降低風險。

其他的突發事件，還包括聽眾對簡報的偏好和要求，例如決策者臨時要求主講人用一分鐘講完重點，然後直接討論。換句話說，我們要有隨時口頭陳述的準備，關鍵圖表和電梯陳述（請見第三〇一頁）都是很好的應對工具。

總的來說，在環境、人和內容三個方面充分準備，便可以降低現場呈現時的可能風險。

面對突發事件時，主講人要冷靜從容，不要讓自己彙報的思路受到干擾。如此一來，**突發狀況便可以將負面事件，轉化成彰顯主講人能力的正向事件**。

例如，投影機在會議中突然壞掉（如燈絲燒斷），主講人不亂方寸，在等待支持人員更換新設備的同時，有條不紊的發放事先準備好的資料，一邊繼續簡報。這種處理方式，不僅可以避免突發事件浪費與會者寶貴的時間，還能贏得聽眾的好感和尊重。

6. 聽者是鯊魚，沒自信就會被咬

成功的高階商務溝通需要各個方面的準備：心理上，我們要正視講者在呈現中的角色，不需要演員般的戲劇表演，而是作為洞見的傳播者，表現得專業而自信，依靠內容取勝；技巧上，語氣、聲調等語言因素，和站姿等非語言技巧都有助於溝通成功；流程上，要重視開場和收尾，並確保聽眾接受並記住溝通中的重點。不僅如此，準備好應對突發事件的備案，規避可預測的風險也必不可少。

本章的最後還要強調演練的重要。面對高階商務溝通的壓力，當真正站在會議室C位[3]時，我們不免會有些緊張：手心出汗、口乾舌燥、頭腦空白；內心籠罩失敗的擔憂，之前精心準備的內容一下子忘得精光。從心理學上分析，在壓力下，會焦慮、緊張是很正常的。我們可能都有過幾次搞砸的經驗，而記憶會誇大失敗的負面影響，讓我們在新機會面前，擔心重複經歷類似的尷尬。

面對壓力，講者需要強大的自信。

福特創辦人亨利・福特（Henry Ford）曾說：「不管你認為你做不做得到，你都是正確的。」還有英文俗語：「一直裝到你真正擁有。」（Fake It Till You Make It），都是表明態度決定結果，自信至關重要。

POINT

我在麥肯錫的導師（Mentor）曾說：「在彙報時，聽眾就像水裡游弋的鯊魚，饑腸轆轆且嗅覺敏銳，一點血腥味都會啟動其攻擊性；而我們就是在鯊魚群中游泳的勇士。沒自信像傷口的鮮血，鯊魚般敏銳的聽眾一定會聞到散發出來的氣味，並充滿敵意的挑戰你所說的一切。當這種情況發生時，一切都完了。」

各種小技巧可以預防或緩解緊張狀態，例如知道自己會手抖，手裡就不要拿稿子；要是腿抖，就盡量站在桌子等遮掩物後面；知道自己緊張時有亂走的習慣，就

3 網路用語，即 Center，指中心位置。

事先在場地中間畫個圈作為站立的區域；呼吸練習也可以緩解緊張情緒，但這些技術都治標不治本。

要戰勝緊張情緒，唯一的路徑就是演練、演練，再演練。

俗話說：「熟能生巧。」這在提升溝通能力方面尤其適用。溝通演練不僅是為高階溝通做的幾輪虛擬演練，還包括在各種風險可控的場合多練習口頭表達能力。

要想正視上臺的恐懼，我們就要強迫自己舉手，主動爭取各種上臺的機會，例如公司的日常小組工作會議、ＭＢＡ課堂上的案例演練，甚至是社區讀書分享等。假以時日，我們自然會摸索出適合自己的獨特溝通技巧。

第九章

所有敘述都有模型

本書開篇就說明了這本書的高標準、嚴格要求是基於高階商務場合，如融資說明或戰略彙報等。這聽上去有些曲高和寡，畢竟高階商務溝通的主講人，往往是擁有多年職場經驗的資深人士。

但我要說的是，對大多數還沒有機會主導高階商務溝通的讀者來說，向高標準看齊有利於大家培養基礎技能，而且這些溝通技能不僅限於高階場合，對職場發展也有很大的幫助，能讓大家在日益激烈的職場競爭中脫穎而出。

職場中的關鍵對話各式各樣，不限於會議室裡嚴肅的專案彙報、年終彙報、跨部門會議等，還可能發生在任何意想不到的地方，例如走廊、茶水間、咖啡機旁、電梯或捷運上，我們把發生在這些地方的關鍵對話，稱為「非正式溝通」。

它的重要程度不亞於一般的開會。因為對主管來說，這時部屬處於沒有準備的自然狀態，這種情境下的表現也就更真實。非正式溝通中的表現，會直接影響部屬在主管心中的印象、甚至影響未來的升遷。

例如，職場新鮮人小白在走廊偶遇主管或上級。雙方簡短寒暄之後，主管隨意的問：「小白，最近你負責的專案進展怎麼樣？」這時，我們一定要意識到這看似閒聊的交流機會其實是關鍵對話，而且對自己的未來發展至關重要。

面對非正式商務溝通，沒有準備往往會讓自己痛失展現自我的機會，甚至給對方留下嚴重的負面印象。

1.小白：「嗯，啊……。」

評語：支支吾吾、扭捏不語，尷尬至極。

2.小白：「還好，都正常！」

評語：講話空洞無物，錯過機會。

3.小白：「最近我的專案有人離職，人手不足；其他部門也不配合，××不給資料啊！」

評語：只在意小事；而且抱怨職責會被主管視為能力不足。

有備而來的回覆，會帶來截然不同的積極效果。

小白：「您還記得上週討論的那個戰略性高，但執行難度較高的專案A嗎？」

主管：「記得啊。」

小白：「專案是我的團隊在負責。大家的能力和行動力都很強，但是由於時間很趕，在資源上還需要您支援啊！」

主管：「可以啊，需要我提供什麼幫助嗎？」

小白：「那太好了！我已經把資源缺口量化了，僅需要少量技術外包。正想跟您約時間呢！」

主管：「好。專案A是年度重點，不能有差錯。今天五點後約時間！」

在高資訊密度的對話中，小白用**結構化清晰闡述了專案狀況，並提出下一步的明確訴求**。首先，「戰略性高和執行難度高」是專案A的特色；其次，團隊專案成功的MECE要素，包括能力、行動力和資源；最後，提及目前缺乏的資源。

如果我們每次非正式溝通都能如此，假以時日，一定會在主管心中留下值得信賴的好形象，甚至脫穎而出。

1. 電梯陳述，你只有六十秒

電梯陳述要求陳述者在三十秒到六十秒，以口頭形式報告相對複雜的商業主張。這類陳述看似簡單，實際上充滿挑戰。二十世紀科學家亞伯特．愛因斯坦（Albert Einstein）說：「事情要力求簡化，但不能簡單。」簡短意味著取捨，而取捨之後不流失核心主張，需要高超的萃取能力。

電梯陳述的準備可借助第四章講到的故事線，以及其表現形式點線大綱；用故事線來看，電梯陳述就是基於點線大綱第一層（點）概述，而生成的口頭呈現。

我們回顧一下，3W2H故事線有五元素：為什麼、做什麼、如何做、由誰做和成本是多少。在電梯陳述中，這五個元素不會完整呈現，而會由講者根據聽眾互動的需求強調某些元素。電梯陳述時，我們也可以應用更簡單的敘述模型，如下文要介紹的SCR模型等。

電梯陳述是故事線之上的再次創作。前文提到，小白與主管的成功對話，是電梯陳述的優秀範本。我們從故事線的視角來仔細分解一下，探究對話成功的祕訣。

對話中小白展示了三處核心資訊。

第一處：專案A戰略性高，但執行難度高。

第二處：團隊的能力和行動力都很強，但是由於時間很趕，需要額外的資源。

第三處：已經把資源缺口量化了，僅需要少量技術外包。

小白根據對話的場景，只使用了三個元素。

首先是「為什麼」元素。

小白需要描述專案特徵，讓主管想起這個專案並強調專案的重要。要指出需要主管說明的問題所在，小白選擇了故事線中的「怎麼做」和「由誰做」。至於另兩個元素，則由於雙方對彼此背景都較熟悉而被省略。

「專案A戰略性高，但執行難度高」，闡明了故事線的「為什麼」：專案A不是一般的專案，而是備受公司矚目、至關重要的一戰。

還有，戰略性高、執行難度高是專案最具特色的兩個面向：戰略性高，代表公司必須重視的緣由；執行難度高，代表這是項任務十分艱鉅。

「大家的能力和行動力都很強，但是由於時間很趕，需要額外的資源」，更是簡練的把故事線中的「由誰做」闡述到位。

這裡小白用MECE列舉法列出了**專案成功的三大要素：能力、行動力和資源**。言下之意，是指團隊完全具備這三個成功要素，只是由於專案時間壓力大，才需要公司在資源層面提供更多的支援。

關於怎麼做，小白直接將訴求全盤托出：「已經把資源缺口量化了，僅需要少量技術外包。」對預算敏感的主管來說，無疑是吃了一顆定心丸，明確訴求在可控範圍內，同時表明自己已事先詳盡的規畫資源，不會耽誤主管的時間，只是需要主管協助批准。

電梯陳述宛如商務溝通的「聖母峰」。從以上分析可以看出，小白這次非正式**商務溝通看似輕描淡寫，其實是經過深度思考生成的**。在時間壓力下，故事線中本來就精簡的故事梗概，被再度壓縮和提煉。

電梯陳述不僅能在非正式場合中使用，在高階商務場合同樣必不可少。在重要會議上，經常有決策者由於時間有限或個人偏好拒絕，而要求主講人用口頭陳述的形式來講解。這時簡潔的電梯陳述，就是最佳的呈現方式。

主講人要經常反問自己，如果聽眾或決策者直接詢問**「專案核心是什麼」**、**「如何才能成功」**、**「需要我做什麼」**，自己能否自信的用簡短的一到兩句話，清楚回答每個問題。要做到這一點，我們要不斷以結構化的高標準要求自己，提煉洞見並組織語言，時時刻刻準備好商務陳述。

2. 出口成三：我有三點看法……

曾有個笑話說，麥肯錫諮詢師的開場白都一樣：「我的觀點是……從三點來看……。」如果還有第四個要點要說，那就拆分成3a和3b，依然是以「我有三點」開場。

雖是笑談，但實際方法的確大抵如此。人的大腦記憶力有限且懶惰，在商務溝通中，大腦能記住的知識少之又少。

心理學家透過反覆測試，找到一個神奇的數字七：普通聽者一次最多能記住七個要點，當我們講第八個要點時，不管我們講得多麼生動，聽者基本都是左耳進右耳出。心理學家又用實驗證明，一次記住三個要點的投資報酬率最好，記住七個要點要多付出十五倍的努力；而記住十個要點，則要多付出五十倍的努力[1]。

1 SCHENKMAN L. In the Brain, Seven Is A Magic Number [EB/OL].（2009-11-27）[2022-10-27].

不管內容多麼複雜，拆解觀點時都要盡量遵循這項黃金原則。如果超過三點，而且每點都有存在的必要，就要思考有沒有更高階的邏輯分類，或是能否建立樹狀上下級結構。有時簡單的邏輯劃分，例如「主觀 vs. 客觀」、「內部 vs. 外部」或「優勢 vs. 劣勢」，就可以將觀點的數量減半。

整合邏輯需要付出大量額外的努力。這裡的出口成三不僅是在觀點數量上精簡，還要符合MECE的結構化：論點必須彼此獨立不重疊，而且加起來還得覆蓋全面要點。

以下是一些經典的三點論：公司營運分為人、系統、流程；成功要靠能力、動力、資源；電商模式是人、貨、場。

當然，如果我們能創造自己的三點結構，就更顯結構化功力了。我們要鍥而不捨的努力讓思維核心成長，假以時日「出口成三」就不再是夢想，而是屬於自己的職場超級技能。

細心的讀者可能會想：聽眾豈不是更容易記住一點或兩點訊息？是的，至簡原則推到極致就是一個核心資訊。在分秒必爭的媒體廣告行業，就有「KISS原則」（keep it simple, stupid）[2]：資訊要簡單直接甚至有點傻，才有傳播力道。

成功的廣告語大都只能凸顯單一特色。同理，在商務溝通中，溝通資訊數量的最大建議值是三，能精簡到二甚至一，更能加分；但由於溝通的複雜，一般認為精簡為三點，是投資報酬率相對合理的組合。

要練習精簡濃縮，初學者可運用付費意識：當我們在陳述觀點時，想像自己是在電視上打廣告，每句話都要付費而且價格不菲。例如，練習時規定用自然語速做三十秒的自我介紹，而超過時限後的每句話要交一百元；話越多，罰款也越多。雖然付費是象徵性的，但透過花費，我們更容易量化贅述對成本的衝擊，強迫自己捨棄無關緊要的細枝末節，聚焦最想表達的核心內容。

2 源於二十世紀六十年代美國的設計理念。設計工程師凱利．詹森（KellyJchnson）第一個提出此理念，認為簡單系統會勝出。

3. 再複雜的問題，也能精準表達

我們已經介紹了一些關於商務溝通敘述的套路，例如，在第四章我們講述了5W2H及3W2H故事線；《麥肯錫結構化戰略思維》則介紹了用來講述故事線中「為什麼」的SCP＋I敘述模型。但這些複雜的模型更適合長篇文書，不太適合直接而簡短的非正式交流。

這裡再介紹**三個相對簡單而實用的敘述模型，包括SCR、STAR和W－I－N模型**，讓你從容面對日常商務溝通。

SCR模型：講核心觀點

SCR模型是麥肯錫推崇的一種敘事模式，經常用在介紹或總結戰略項目的場合。SCR模型有三個部分：設定狀況（Situation）、發現問題（Complication）、解決、收尾（Resolution）。如果主管要求我們用幾句話描述專案背景及結論，用SCR來組織核心觀點的電梯陳述就顯得簡潔明瞭，不拖泥帶水。

- 描述情況：清楚描述事情的背景和重要程度。在非正式溝通中，互動的聽者大都對事實有一定了解，這時講者可以抓大放小，勾畫事件核心面向，製造些許緊迫感。
- 闡釋複雜性：描述事情後直接指出潛在或已經造成的後果；不作為或做錯會造成巨大損失或錯過機遇，引出後面的建議。
- 給出建議：如何解決這個問題或抓住這個機會，有時還會加上另外一個R——結果（Result），說明按照建議行動將帶來的結果。

這裡還是用小白對主管做電梯陳述的例子，用SCR模型也同樣高效。

- 描述情況：「您還記得上週討論過的專案A嗎？目前由於資源缺乏，專案面臨逾期交付的風險！」

- 闡釋複雜性：「專案A如果逾期交付，會導致新線上銷售系統延期上線，公司業績會受到二〇%左右的衝擊。」
- 給出建議：「目前急需IT資源，尤其是設計和程式設計；建議儘快調派內部資源，或引進協力廠商資源予以支持。」

STAR

在一些商務溝通場合，我們需要強調個人或團隊的具體任務，和採取措施後取得的成績或積累的經驗，如人才面試或專案檢討。

面試中經典的問題：「請描述職場中你最自豪的一個成就，並闡述原因」，就可以用STAR模型來回應。這時SCR模型明顯不太適用，因為SCR模型過於聚焦事情本身和方案建議，缺乏關於任務和表現的描述。而STAR模型會更加適合，其名字源於描述情況（Situation）、明確任務（Task）、描述行動（Action）、描述結果（Result）的英文首字母。

接下來，讓我們來實際應用ＳＴＡＲ模型回應前述的問題。

- 描述情況：傳統線下零售巨頭Ｘ的專案Ａ，戰略性高且執行難度大，我作為專案經理，帶著二十人的團隊臨危受命。
- 明確任務：計畫三個月內為Ｘ打造全新的線上銷售平臺，時間緊迫，而且任務重大。
- 描述行動：多加研發並執行電商ＩＴ平臺，與各方協作共創新零售營運和支援模式。
- 描述結果：電商ＩＴ平臺按時交付，第一年為公司創造了銷售額增長三〇％的好業績；個人被授予公司最高專案經理大獎。

W－S－N

ＳＣＲ模型和ＳＴＡＲ模型都可以用於展示階段性成果，**前者強調解法，適用於解決方案溝通；後者強調關聯，更適合覆盤溝通。**

然而，更頻繁的日常工作溝通，例如應變突發狀況，往往需要更直接、時效性更強的溝通模型。W－S－N模型即能幫助我們，在短時間內梳理並溝通應對措施，有利於準確無誤且直接的傳達工作內容。

W－S－N模型，包括什麼（What）、又怎樣（So what）、現在如何（Now what）。

什麼：發生了什麼事情？

又怎樣：它意味著什麼？

現在如何：現在要採取什麼行動？

連珠炮般的三個問題與SCR模型同源，但更有針對性和緊迫感。用這個模型主導討論，能直接切入問題、聚焦事件本身，然後直擊事件本質和影響，並敦促生成具體方案。

W－S－N模型，要求用一句話簡短的回答每個問題。開頭就單刀直入的問：「發生什麼事情？」強迫相關人用簡練的語言說重點，拒絕繞彎和贅述；清楚發生了什麼之後，緊跟著問「它意味著什麼」，對事件的影響範圍追根究柢，一般要用支持資料來量化回答；最後落到「現在要採取什麼行動」上，推演出具體方案。

W－S－N模型經常用在上下級之間的溝通。上級會用W－S－N模型「拷問」部屬，如果部屬對任何一部分了解得不夠清楚，就讓部屬按照W－S－N的順序弄清楚。W－S－N模型起始於問題根源，可以用來考察部屬是否清楚認知問題定義，這能有效避免團隊做白工。

下面是營運長與部屬的對話，營運長用W－S－N模型安排工作。

什麼：「專案A目前由於資源缺乏，面臨逾期交付的風險！」

又怎樣：「專案目A如果逾期交付，會導致新線上銷售系統延期上線，公司業績會受到二〇％左右的衝擊。」

現在如何：「請與專案A的專案經理小白聯繫，確定所需的額外IT資源，尤其是設計和程式設計，儘快安排補充。如有必要，可考慮以外包服務商Y為資源提供方。」

第十章

麥肯錫的傳統「第一天的答案」

1. 從邏輯樹長出答案

無論在高階商務場合，還是在非正式場合中，我們都要確保溝通能成功，各種技巧和模式能傳達真知灼見。一旦沒了真知灼見，技巧和模式就淪為華而不實的障眼法。正如本書反覆強調的：技巧雖然重要，但終究無法彌補洞見的缺失。

在思考層面，麥肯錫一貫的具體解法是：用多維度「切分」，並搭配結構化戰略思維的四大原則和新麥肯錫五步法。

面對任何戰略屬性的問題，無論其模糊和複雜程度如何，我們都可以借助這套方法論有條不紊的抽絲剝繭，尋求表象背後真正的答案。以提煉洞見為核心的解決問題的能力，是結構化高效溝通的堅實基礎。

作為思考的展現，表達要與思考儘早結合，才能達到事半功倍的效果。

「第一天」是個流行的概念。「亞馬遜（Amazon）每天都是第一天」是創辦人傑夫·貝佐斯（Jeff Bezos）的名句，意在督促亞馬遜的管理者，保持創業初期的好奇心和持續創新能力。只有這樣，企業才能永續經營。

麥肯錫也有個「第一天」的常用語：第一天的答案（Day1 Answer），它是麥肯錫畢業生們保持職場領先優勢的祕訣之一。第一天的答案是用思考與表達，要求諮詢師儘早學會用表達來引導戰略思考。

狹義的「第一天的答案」，是指戰略專案初期的故事線；而初期在麥肯錫被提早到專案的第一天。前面介紹過，以點線大綱為載體的故事線，是麥肯錫內部溝通專案進展的重要工具，負責承載專案的思路。

而第一天的答案，要求團隊在時間壓力和資訊匱乏的情況下，在專案剛開始就完成新麥肯錫五步法的前三步，即定義問題、結構化分析和提出假設，整理好初期故事線。由於專案剛開始，還未調查研究細節，第一天的答案不可能建立在詳細的實地調查研究的基礎上，而是一次「以假設為前提的邏輯」思維演練。

我剛加入麥肯錫接觸「第一天的答案」時一頭霧水，覺得團隊至少在做一定調查研究並有初步方向之後，才有信心寫故事線。戰略專案剛開始就主觀的提出問題的初步解法，豈不是對客戶極不負責？

可是，當跟隨團隊端到端的實踐幾次後，我才發現其中的奧祕：故事線的「第一天的答案」絕不等同於最終故事線。故事線是個不斷演進的「活」文書，會由於假設的證實與否而不斷修正；而**第一天的答案的作用其實在於：強迫團隊在專案一開始，就以高效溝通為目標**，然後以終為始的用故事線引導後續所有的調查和洞見提煉。

成長的邏輯樹

接著，我們用案例來示範「第一天的答案」在實戰中的用法和功效。

知名民謠音樂節品牌藍莓音樂公司，聘請戰略諮詢團隊來做藍莓音樂節的轉型戰略規畫。目前，藍莓音樂節雖然是民謠品項第一名，但由於盈利一直較差，在資本市場不受重視，公司發展受限。因此，董事長決定邀請團隊來解決這個棘手的問題。

面對戰略問題，我們沿用新麥肯錫五步法，用前三步來生成「第一天的答案」，即定義問題、結構化分析和提出假設。定義問題在藍莓案例中相對清晰，就是提升盈利。

在結構化分析階段，團隊會運用維度切分工具，畫出符合MECE原則的邏輯樹。**邏輯樹沒有所謂的正確和錯誤，只有更合適**。經過團隊討論，在提高盈利的問題下，一共切分到第四層[1]（見下頁圖10-1）。根據初期的分析和專家訪談，建立第一輪假設，並將它作為後面驗證的標靶。

邏輯樹是新麥肯錫五步法前兩步（定義問題和結構化分析）的視覺表現。戰略小組用頭腦風暴的方法，拆解核心問題，第一版邏輯樹一般在接到戰略命題後的兩到三個小時內完成。這個邏輯樹切分到了第四層，符合MECE原則，並且最後一層已經開始分解出有戰略意義的細節。

第一層：按照已有業務和新業務切分（**邏輯法**）；

第二層：已有業務按照公式法的開源、節流切分（**公式法**）；新業務按照原本

1 維度切分相關說明參見《麥肯錫結構化戰略思維》。

圖 10-1 邏輯樹的 MECE 切分

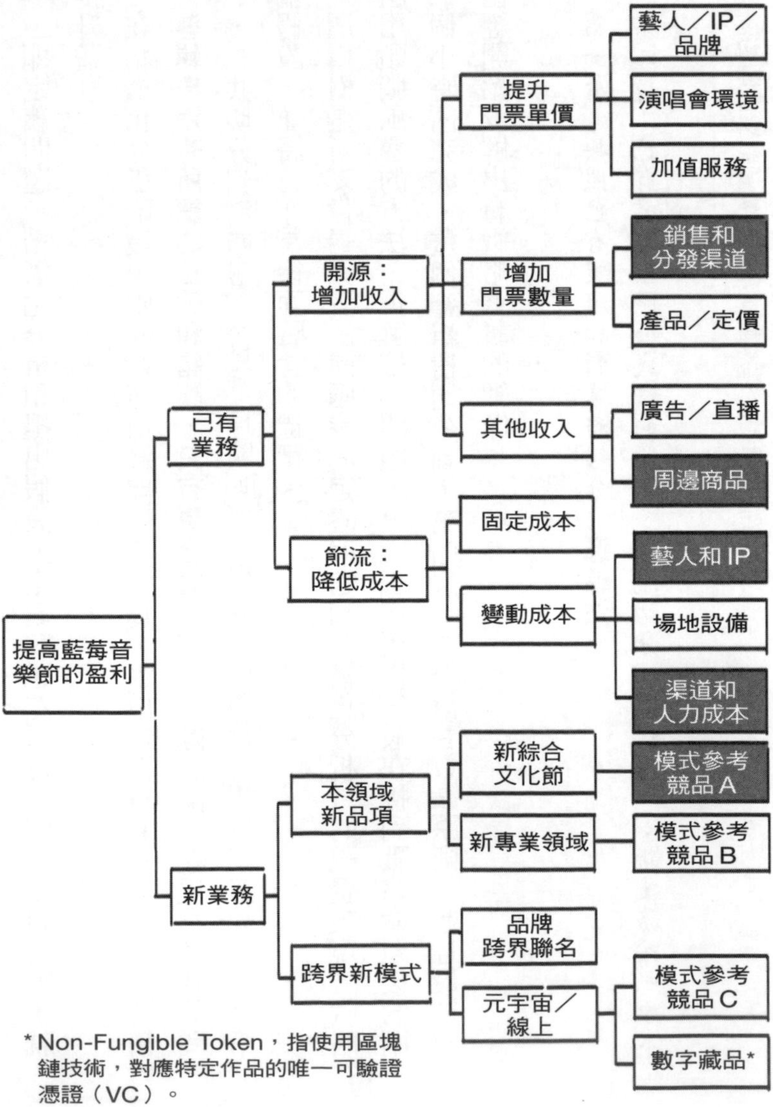

* Non-Fungible Token，指使用區塊鏈技術，對應特定作品的唯一可驗證憑證（VC）。

產業的新品項和跨界新模式切分（**邏輯法**）；

第三層：主要透過提升門票單價和增加門票數量來增加收入（**公式法**），此外，還有其他收入，為了方便呈現暫且將其放在一個層面；成本降低分為固定成本和變動成本（**公式法**）；本產業新品項和跨界新模式按照子目錄法細分，將最有可能的選項列出；

第四層：將第三層的每項再往細節深挖（**子目錄法**）。由於篇幅有限，圖表只呈現最相關的子目錄。

這的確是一棵優秀的邏輯樹，作用不可小覷：很多方向性顯著的小顆粒度細節都透過梳理變得清晰。邏輯樹彰顯了團隊分析問題的深度，團隊在此基礎上討論並結合初期蒐集的資訊，可以進行五步法的第三步——提出假設。

假設並不是判斷，僅是待驗證的標靶，是初期的猜測。以「大膽假設，小心求證」為原則，團隊選擇了銷售和分發渠道、周邊商品、藝人和IP、渠道和人力成本，以及模式參考競品A作為第一批假設，在後面的詳盡調查中，它們將被證實是否正確。

完成了五步法的前三步，就是生成「第一天的答案」時候了！

邏輯樹長出的答案

從邏輯樹衍生出「第一天的答案」的過程，本質上是從思考轉化到溝通。因為邏輯樹再詳盡，也僅僅是思考分析的工具，而故事線才是真正意義上溝通的工具。

邏輯樹，不管橫向的樹狀，還是縱列的塔狀，其應用場景僅限於頭腦風暴，用來幫助團隊釐清思路；然而邏輯樹在商務溝通中較乏力，聽眾面對複雜的邏輯樹往往反應冷淡。**在商務溝通中，聽眾往往只關心結論及其支持資料，對團隊分析的過程和推導方法毫無興趣**。

假設馬上就要陳述解決方案，我們將會展現什麼樣的結論？

在缺乏資訊的情況下，我們用故事邏輯的粗線條串起未驗證的假設，會出現什麼情況？

在邏輯樹的基礎上，要練習的故事線就是「第一天的答案」，是專案早期以假設為主的解決方案的整體思路，是從聽眾視角出發、由結構化分析的邏輯樹轉化而成的故事敘述。

第一天的答案僅限內部溝通，這種以終為始的做法，強迫團隊用故事邏輯將支離破碎的假設和已知資訊組織在一起，說明團隊明確的專案調查研究方向及重點。團隊「第一天的答案」的點線大綱，一般處於非常粗略的狀態，其內容可以以3W2H故事線元素為核心。

1. **藍莓音樂節目前狀況：淨利率提升空間（為什麼）**

產業及競品比較：藍莓的淨利率。

收入端：門票單價和數量分析。

成本端：各種費用的MECE列舉及分析。

2. **消費及產業趨勢分析（為什麼）**

已有消費者畫像及潛力：有什麼樣尚未被滿足的需求？更高的單價？更多的次數？

消費者和產業新趨勢：主品項民謠的趨勢；其他音樂品項趨勢，哪些值得關注；Z世代人群泛娛樂（按：指基於網際網路，從影視、動漫等領域，打造明星IP的粉絲經濟）趨勢，新形式？

3. **收入端深挖（用什麼和怎麼做）**

更高單價：增值服務，如會員福利、周邊商品；更好環境等。

更多數量：場地大小、線上開發、新管道、聯名品牌拓展等。

更多品項和產品：民謠之外品項，主流流行音樂、電子音樂、綜合類文化節。

競品比較：收入端競品盈利模式分析。

4. **成本端降低費用（用什麼和怎麼做）**

場地和設備：自有和租賃，或者其他方法，如共用。

IP及人員：藝人費用、營運人力費用。

競品比較：分析成本端競品的模式。

5. **初步建議，與2、3、4分析對應（用什麼和怎麼做）**

假設一：藍莓音樂節收入端，透過多管道及線上、線下結合（Online Merge Offline，簡稱OMO）可以提升收入。

假設二：藍莓音樂節成本端，透過新媒體營運等方式降低攬客成本，外加改善藝人簽約條款。

假設三：品項拓展，針對Z世代打造爆款綜合文化節產品。

假設四：其他加值服務，包括線上直播、周邊商品和IP跨界合作等。

假設五：元宇宙和非同質化代幣（NFT）等新趨勢及變現可能。

由此可知，第一天的答案源於邏輯樹，完全是以假設為前提，但這個初期思路是以溝通為目的而生成的，我們仍必須從故事敘述的角度，分析和全面改造邏輯樹。由於第一天的答案充滿未驗證的假設，麥肯錫僅將其應用於內容進展溝通，而**嚴令禁止直接與客戶分享「第一天的答案」**。

雖然是以假設為前提，但是第一天的答案點線大綱思路嚴謹（基於MECE邏輯樹的分析），絕對不是胡亂想出來的。第一天的答案要求我們在面對不熟悉的戰略屬性問題時，在相對短的時間內（一天以內）快速構建初步思路，與內部相關人員分享並推動進展。

第一天的答案充分顯示個體獨立、高效和全面的思辨能力。養成第一天的答案，既可以製造緊迫感，加快解決問題的節奏，也能讓我們更以結果為導向、從多個角度有系統的思考和處理問題，並站在聽眾接收視角以終為始，從而推動思考到溝通的轉化進程。

第一天之後

第一天的答案能夠激發有內涵的討論並推動專案前進。第一天的答案點線大綱，在討論中有匯總思路和交流的作用。當我們將第一天的答案呈現給內部相關人，相關人會在方向及框架方面給予回饋，從而激發言之有物、有內涵的討論。

例如，面對藍莓音樂節，相關內部參與者可能及時指出，作者沒有意識到的潛在問題或提供重要建議。」

● 「訪談中，董事長反覆強調藍莓音樂節在成本端為行業標竿，尤其是藝人簽約費用和營運成本，都明顯低於業界平均水準，因此我建議將調查研究重點聚焦在開源端，不要在成本端浪費太多精力。」

● 「據說藍莓正在籌畫音樂節品項拓展，今年下半年會主打電音類的檸檬音樂節。他們大概已經有針對消費者的分析報告，你看能不能拿到，也許對本項目有幫助！」

● 「還有，目前市場上有泛娛樂的趨勢。〇〇音樂節主打滿足Z世代需求，可以作為核心競品仔細研究。我這裡剛好有市場負責人的聯繫方式，或許可以做個專家訪談。」

藉由討論產生的回饋和實質性幫助，對把控專案方向和深化調查至關重要。比方說，成本端可以不作為視察重點，如果能提前向客戶確認，會節省大量團隊資源；團隊也會更聚焦、更有成效的調查其他重要戰略方向。

第一天的答案絕對不是終點，而是不斷演進的文書，第一天的答案之後還會有第一週的答案、中期答案和最終答案等。**在戰略生成的整個過程中，團隊要時刻準**

備一份隨時能提供客戶的彙報故事線。這個故事線的3W2H核心元素，會隨著專案調查的深入而不斷更新，直至形成最終版本。

第一天的答案及第N天的答案，是分析思考與溝通呈現的複合體，是在整個戰略專案中，說明團隊在統一調查中從聽眾視角生成的洞見。團隊在「想清楚」的那一刻，也自然完成了「說明白」的故事梗概。

對職場人來說，在日常工作中應用這套方法也大有助益。第一天的答案會幫助我們跨越舒適區，成為更優秀的職場人，也是眾多麥肯錫畢業生在職場持續成功的法寶。

當上級剛安排新的工作任務時，職場人可以遵循第一天的答案的做法，有意識的要求自己在短時間內（兩小時到三小時）構建出以假設為前提的初步思路，生成第一天的答案。持續做到思路清晰、願意分享，能彰顯職場人獨立而活躍的思維；而且用第一天的答案與上級和團隊溝通方向性時，也會得到有價值的即時回饋，提升做事效率。如此一來，必定能幫助我們在職場競爭中脫穎而出。

2. 關鍵的溝通往往在會議之外

以成功溝通為目標反思自己的職場心態和行為，會給職場人帶來新的啟發。

擺脫存在陷阱

存在陷阱，是指人們在解決問題的過程中，為證明自己的能力和存在的價值，有意拖延與關鍵人溝通，並試圖在關鍵場合展示出個人的能力，製造更大的衝擊。在商務溝通中，存在陷阱往往會使溝通陷入僵局，甚至引發信任危機等。

重大商務決策的制定相對複雜，會議室也不是唯一的戰場；決策者們也不會僅憑會議主講人一次成功的呈現，就愉快的達成共識。會議室中慷慨激昂的陳述、脣槍舌劍的博弈，甚至催人淚下的反轉情節，基本上只存在於商戰影視作品裡。現實中的重大商務決策有時平淡得不可思議，是水到渠成的結果。

關鍵商務溝通往往發生在會議之外，尤其是重大會議之前，透過有節奏的交流，我們與相關人逐步分享發現和探討意見，為了確保最終彙報的會議上沒有太多懸念，有時會揭示決策者完全沒有意識到的重大發現或驚天祕密。

但這很可能會適得其反：由於相關人沒有足夠的訓練，會議很容易因數據不詳及邏輯不夠嚴謹遭到質疑，而陷入僵局。

這時，問題解決者要對自己有正確的認知：解決問題並非解決者一個人的事，有時解決者甚至不是主角。

按照RACI相關人分析的框架，重大商務問題都有終極的「所有者」，就是RACI中的當責者（A），例如公司主管、客戶的業務負責人。為了創造企業創造或避免損失，所有者往往會安排資源、解決問題，並對最終結果負責。

也就是說，問題解決者在整個過程中，是所有者選出並授權的第一線人員，其任務是在授權範圍內窮盡方法分析問題、提出建議並完成預期目標。

換句話說，我們只有從所有者的角度看待如何解決問題，才能得到最大支持，這也更有利於自身的職場發展。

由於兩者在解決問題的最終利益上高度一致，問題所有者往往是解決者最有力的支持。

不過，由於職場的上下級和甲乙方等關係的存在，這種關係被嚴重弱化，有時會呈現類似「考官 vs. 考生」的對立關係。在權力的制衡下，問題解決者面對所有者審視的目光時，難免試圖努力證明自己的能力和存在的價值，這就營造了滋生存在陷阱的環境。

那麼，正確的姿態是什麼？我們認清存在陷阱後，要與問題所有者保持頻繁的溝通並建立信任，共同推動重大商務決策。

至於如何去除權力制衡，因涉及情商和人際關係技巧，這裡不多做介紹。

只要記住，擺脫存在陷阱，堅持適時、坦誠而專業的與問題所有者溝通，就是最好的起點。

行使蹲坑權益

在商務溝通中，與各方保持一定的交流頻率說起來容易，實施起來需要規律性。這時，我們要學會行使蹲坑權益。

問題所有者通常業務繁忙且時間寶貴，為確保定期溝通階段性成果，我們需要提前預約。在專案初期如第一次會議時，我們就可以行使蹲坑權益，在關鍵人的日曆上，預約每週固定三十分鐘左右的時間，直至專案結束。

這種沒有明確議題卻預約他人時間的做法，與職場常識有些相悖。我們常認為要獨立完成自己負責的項目，盡量避免麻煩別人，其實這些都是錯誤認知，**有備而來的請教和面對高風險時的求救，才是職場成熟的表現**。

尤其面對重要戰略問題，由於其複雜性和衝擊力大，行使蹲坑權益對確保專案成功至關重要。

我們需要透過不同視角集思廣益，強迫自己脫離思考的慣性和舒適區，並擁有出盒思考[2]，也需要發動所有相關人，打破資訊壁壘，敏捷的推動專案。

行使蹲坑權益時，我們要做足準備，帶著有價值的、經過深思熟慮的問題去討論。透過蹲坑權益拿到時間的目的，是讓對方回饋和確認階段性成果，讓對方確認整體方向，我們絕不能帶著原封不動的問題去求解。

只會問「我該怎麼辦」，無異於把問題丟給對方，是極不負責的行為。討論前，我們要先做好功課，**深度分析問題並生成初步思路，確保讓對方做選擇題，而**

不是問答題。前面提到的第一天的答案，及解決問題過程的核心假設，都可以成為很好的討論內容。

共贏：營造成事生態

在現代職場中，分工與協作日益精細而複雜，單兵作戰早已無法獲勝。要持續贏在職場，除了在會議室中表現優異，我們還需要有積極的營造成事的致勝生態，聚集並善用資源來確保自己勝出。而導師、專家和團隊則是成事生態的核心。

在職場成長的不同階段，我們應該向不同類型的業務菁英拜師學藝，有選擇的學習導師的強項，並藉此幫助自己在職場中成長。

榜樣的效益很大，在實戰中，導師會幫助我們將資訊內化成知識，以及從了解、體會到現學現用。麥肯錫有體系化的導師制度：每個諮詢師都有專屬的事業發

2 Out of the Box Thinking，指跳躍性思維。

展導師，專案上的直接負責人也是臨時導師。

麥肯錫鼓勵諮詢師跟著不同類型的導師做專案，確保其有足夠的機會接觸多樣的風格和學會技巧。即使所在公司沒有導師制度，我們也依然要選定自己的學習目標，加速自己的職場發展。

專家在致勝生態中也不可或缺。互聯網時代資訊超載，資訊雜訊和時效性導致更難獲取關鍵資訊。這時專家可以幫助我們大幅縮短學習週期，並站在專業制高點上提供我們寶貴意見。

麥肯錫十分重視專家，內部雇用了與一線諮詢師幾乎同等數量的各行業專家，提供專案組支援。同時，公司還大量運用合作廠商的專家資源，確保戰略團隊能接觸到業界最強的菁英。我們也可以借鑑類似做法，積極接觸專家級人才，搭建屬於自己的、可信任的專家人脈，為未來打好堅實基礎。

成事生態中必須有同伴的支持。由於職場晉升管道有限，團隊成員之間相互競爭很自然，有時甚至會出現不健康的敵對狀態。麥肯錫卻在晉升機制上獨闢蹊徑：同屆的成員可以互相幫助，共同成功。

麥肯錫內部每次晉升，沒有硬性的比例或人數限制，也就是說，如果所有候選人都滿足條件，理論上可以全部晉升。晉升機制消除了成員之間非此即彼的敵意，為合作奠定了基礎。而且，晉升標準之一，是能像上級一樣做出貢獻。幫助部屬成長是上級的核心任務，公司的鼓勵更營造了成員彼此幫助、共同成長的氛圍。

麥肯錫的共贏心態，讓我始終在往後的職場生涯裡受益。有幸並肩作戰的同伴，即使存在一定的競爭關係，從長遠看終究是自己職場中的友軍。對夥伴善意的幫助，就像是擁有誠信的職場硬通貨[3]。持續不計回報的幫助他人，假以時日，我們就能在自己周圍營造良性的互助生態，並且幫助自己成事。

綜合以上，我們要在高階商務溝通場合中，乃至職場中持續成功，不僅靠某次會議中的好表現，而且要贏在會議室之外的長時間準備上；要擺脫存在陷阱，更開放的團結同伴來解決至難的商務問題；學會行使蹲坑權益，有節奏的增加與相關人的接觸，以確認大方向。

3 有三種含義：一泛指金屬貨幣，如黃金、白銀及其鑄幣。二指國際信用較好，幣值穩定、匯價平穩的貨幣。三指第二次世界大戰後，國際金融市場上某些不實行外匯管制的貨幣，可以自由和無限制的兌換黃金和其他國家貨幣。

最後，持續成事需要生態支撐，導師、專家和團隊成員是生態的重要元素。生態一旦建立，就會持續正向的支持我們成長。

後記
從零到一，只要想清楚、說明白

致結構化學習者。

本書講述的麥肯錫結構化溝通，是商務溝通中高標準的典範，尤其是繪製多維度圖表的能力和電梯陳述的口頭表達能力等，這些都屬於個人溝通能力中的高階要求。要練就這些能力絕無捷徑，需要投入大量的時間、累積學習過程。

這個學習過程是艱難而漫長的。我在開篇曾戲稱，職場溝通等級為自說自話的專家、SWOT天團、PPT收割機和溝通高手。其實，這是我成長經歷的縮影。作為麥肯錫的畢業生，我毫無捷徑可言的走過了前兩個階段，目前是個夢想終有一天會成為溝通高手的PPT收割機。

只是由於現在從事培訓高階主管的工作，我這臺收割機不再需要產出簡報，反而成了傳授結構化戰略思維和表達能力的播種機。

在時間上，我被技術至上的專家認知偏差蒙蔽了很長時間。對溝通重要性的認知不足，導致我在職場作為ＩＴ專家的前十多年裡，不太關注、甚至有點輕視溝通能力，讓自己原地踏步了很久，但意識覺醒可以瞬間發生，不需要艱苦的學習過程，往往是外部誘因刺激內在頓悟。

於我而言，那個瞬間發生在我從芝加哥大學布斯商學院（The University of Chicago Booth School of Business）畢業後，加入麥肯錫的時候。戰略諮詢的事業轉型為我打開了全新的視野，實際工作中的挑戰迫使我意識到過去的局限。

然而，要大幅提升商務溝通的技能，即從ＳＷＯＴ天團升級到ＰＰＴ收割機，卻是個費時費力的至難過程。而且，**結構化思考和溝通只有零和一兩極，即有和沒有**。這就導致初學者在到達質變轉換點之前的所有努力，都看不見明顯成效，學習者會在相當長的時間內處於原地踏步，由此產生嚴重的挫敗感。

這個學習週期對學習者來說很難熬，卻是正常且必要的成長過程。就算是麥肯錫這樣聰明人聚集的地方，前同事在聊起當初剛加入公司，尤其是最開始六個月的經歷時，也頻頻提及不適應、不理解、幾乎放棄，甚至懷疑人生等，而**前六個月的重要任務，就是學會麥肯錫的結構化戰略思考與表達**。

我剛加入麥肯錫時，就參加了一個貨幣電子化的戰略專案。面對還未開竅的我，專案組長愛麗絲（Alice）很耐心的對一張張的簡報提出建議。我還清楚的記得，有一次她輕輕搖頭，微微嘆口氣對我說：「約瑟夫（按：作者的英文名字），你在游泳。」我明白她不是指責我偷懶划水，而是說我那時的思考淺嘗輒止、深度不夠，也提不出洞見，更無法在文書中呈現洞見。

當愛麗絲替我畫出殺手圖表初稿時，我才理解什麼是更深層的思考和更高層次的呈現。一看就懂，而自己一用就不會，這種結構化學習的初階狀態，對一貫自信而好勝的我而言，傷害很大，侮辱性也極強。

我的「游泳」狀態長達半年多。我發現在麥肯錫內部，像愛麗絲這樣的教練型主管並不多見，更多主管會直接把文書草稿摔在我的臉上，咆哮道：「Insights! Insights! 洞見在哪！」當時的我總是看著自己熬夜產出的心血結晶，暗自嘀咕：「這難道不是洞見嗎？」

高手不會告訴你什麼是洞見，只會告訴你這不是洞見。迷茫中的我，感覺專案中的洞見有點像一個喜歡亂跑而經常走丟的頑童，而我就是操心的父母，每天都焦急的尋找自己的孩子。當終於找到了戰略問題的洞見時，我就像父母找到了孩子，如獲至寶甚至喜極而泣。後來，當自己掌握了結構化戰略思考與表達能力時，我才意識到洞見這孩子，其實一直靜靜的待在那裡，根本就沒有亂跑；之前會慌亂、困惑和焦慮，只因為自己思考和表達的能力沒有到位，沒有能力看見並講出擺在面前的真相。

雖然是緩慢的進階過程，但是**當學習者掌握了結構化學習力（下文的成事三部曲）完成從零到一的飛躍，就能看到很多人看不到的商業實質，說出常人想說而說不出的真知灼見，也就形成了真正的職場自信。**

那種感覺真不可思議。

職場成事三部曲

之前講過，職場成事要分三步走：想清楚、說明白和做到位。這三步缺一不可，而且職場成功者往往需要持續發力，最終才能成為職場贏家。

想清楚，是指具備快速學習、獨立思考等職場認知能力（cognitive skills）：面對專業問題，能夠博聞強識，慢慢累積，能觸類旁通，成為某一專業領域的理念帶頭人（thought leader；即先鋒、開拓者）；面對沒有正確答案的戰略問題，能夠清晰的定義問題，有系統的提出初步思路，然後有條不紊的用事實驗證，最後有理有據的推導出自己的判斷或主張。這種認知能力是職場人思維的根基和核心，也是成功的前提條件。

說明白，是指高效溝通能力（communication skills）。在商務場合中，高效溝通建立在想清楚的基礎上，但又是不同於思考的獨立能力：想清楚為說明白奠定了基礎，可是單憑思考不能確保高效溝通。而說明白又是想清楚的表現形式，沒有想清楚是斷然說不明白的。

因此，表達和溝通能力常常作為驗證思考品質的標準，也自然成為職場最受關注的核心指標，很大程度上決定了職場人的升遷與否。

做到位，是執行的能力。初入職場的新人會被要求按既有規則做事、少出錯。更高階的做到位，則要求我們不僅能按已有規則和既定計畫做事，還要能根據市場和競爭情況的回饋，適時調整甚至重新審視戰略，敏捷的應對變化，從而取得商務上的成功。

由於從事管理培訓職業，我有幸能廣泛接觸世界先進企業的優秀管理者，發現大多數管理者在成事三步中最熱衷於第三步「做到位」，而對前兩步在認知和掌握程度上都有很大的提升空間。大家甚至沒有意識到，缺乏了前兩步的做到位，不是真正意義上的做到位。

做事為王的心態形成有其歷史原因。過去二十年的市場環境相對簡單且需求旺盛，我們只要努力做事，總會有超額的收益。然而，隨著市場成熟化和外部大環境的挑戰增加，許多領域增量殆盡甚至面臨萎縮，只會做事的管理者失去了包容他們的環境。

而且，隨著企業的規模擴大和機制成熟化，實施精細化管理是必然的發展方向。企業要求管理者快速學習、獨立思考並高效溝通，就要建立高效的組織架構來規模化複製成功。管理者僅做到位，已經遠遠不能滿足管理崗位的要求。

不能說明白肯定是因為沒想清楚；而沒有想清楚就做事，也不會真正做到位。真正的做到位是超越一次的成功，是濃縮成事的核心成功要素，並且用平實的語言將成功要素，即洞見融入便於理解的商業故事中，讓更多的人理解、內化並實施，形成可規模化複製的解決方案。

我很痛心的看到，許多業務主管（優秀個人貢獻者）自己做事高效，一心用業績詮釋能力；但在檢討總結時便會掙扎，說不出自己成事的核心要素，分享經驗也大都停留在表象層面的「什麼時候做過什麼」。

例如，某大型餐飲連鎖店的優秀店長，連續幾年在人力資源效能都是第一名，然而在分享經驗時講的都是細節：廚師是自己的老鄉、很能幹，自己生病依舊堅持工作、家人多麼支援等。店長提煉不出成功要素，總部就無法複製他的成功。按照店長的檢討邏輯，難道所有店的廚師都要聘請店長的老鄉嗎？

此家門市的成功，在人或組織、流程和系統層面，到底有什麼可以複製的獨特之處？我們不難發現，這名店長的思考不夠深入，表達缺乏洞見。如果沒有升級想清楚和說明白的能力，他的事業發展很可能停滯在一線店長這個位置；因為不善思考和表達的個人貢獻者，無法勝任更高的管理崗位。

按照成事三部曲，《麥肯錫結構化戰略思維》聚焦想清楚，有系統的講解了結構化戰略思維，也就是面對戰略屬性的問題時應用的認知方法。這套方法包括新麥肯錫五步法和結構化戰略思維四大原則等，幫助麥肯錫公司持續的為世界五百強公司，解決各類至難的管理戰略類問題。

本書作為結構化戰略思維的延續，聚焦說明白，也就是職場結構化溝通。如果我們能夠想清楚並說明白，也就奠定了在職場中持續做到位的堅實基礎。

讀完這本書，願各位讀者有所啟發、有所收穫、有所感悟，最重要的是，有所改變。

國家圖書館出版品預行編目（CIP）資料

現學現用的麥肯錫思考技術：從簡報、人際溝通到文書寫作的實用架構，問題再複雜也能釐清脈絡。／周國元著. -- 初版. -- 臺北市：大是文化有限公司，2023.10
352 面；14.8×21 公分. --（Biz；438）
ISBN 978-626-7328-69-9（平裝）

1. CST：職場成功法　2. CST：溝通技巧
3. CST：說話藝術

494.35　　112012901

Biz 438

現學現用的麥肯錫思考技術

從簡報、人際溝通到文書寫作的實用架構，問題再複雜也能釐清脈絡。

作　　者／周國元
責任編輯／黃凱琪
校對編輯／劉宗德
美術編輯／林彥君
副總編輯／顏惠君
總 編 輯／吳依瑋
發 行 人／徐仲秋
會計助理／李秀娟
會　　計／許鳳雪
版權主任／劉宗德
版權經理／郝麗珍
行銷企劃／徐千晴
業務專員／馬絮盈、留婉茹、邱宜婷
業務經理／林裕安
總 經 理／陳絜吾

出 版 者／大是文化有限公司
臺北市 100 衡陽路 7 號 8 樓
編輯部電話：（02）23757911
購書相關資訊請洽：（02）23757911 分機 122
24小時讀者服務傳真：（02）23756999
讀者服務 E-mail：dscsms28@gmail.com
郵政劃撥帳號：19983366　戶名：大是文化有限公司

法律顧問／永然聯合法律事務所
香港發行／豐達出版發行有限公司 Rich Publishing & Distribution Ltd
地址：香港柴灣永泰道 70 號柴灣工業城第 2 期 1805 室
Unit 1805, Ph. 2, Chai Wan Ind City, 70 Wing Tai Rd, Chai Wan, Hong Kong
電話：21726513　傳真：21724355
E-mail：cary@subseasy.com.hk

封面設計／FE 設計
內頁排版／顏麟驊
印　　刷／鴻霖印刷傳媒股份有限公司

出版日期／2023 年 10 月初版
定　　價／新臺幣 420 元（缺頁或裝訂錯誤的書，請寄回更換）
I S B N／978-626-7328-69-9
電子書ISBN／9786267377000（PDF）
9786267377017（EPUB）